シリーズ
地域の再生 12

場の教育

「土地に根ざす学び」の水脈

岩崎正弥
高野孝子

農文協

まえがき

黒澤明監督の映画「赤ひげ」からは省かれてしまったが、原作の山本周五郎『赤ひげ診療譚』には、貧しい人びとに献身的に医療を施す赤ひげ先生が、若い医師・保本登にこんなセリフをいう場面がある。「人間のすることにはいろいろな面がある。暇に見えて効果のある仕事もあり、徒労のようにみえながら、それを持続し積み重ねることによって効果のあらわれる仕事もある。おれの考えること、して来たことは徒労かもしれないが、おれは自分の一生を徒労にうちこんでもいいと信じている」と。

この宣言にはしかし、使命感につきものの重さや悲愴感よりも、自分のできること・したいことをしているだけだという軽やかさと、それにともなう喜びとを私は感じる。もしかしたら教育も、この赤ひげ先生の「徒労に賭ける」という言葉がふさわしい行為なのかもしれない。それは学校教育ばかりではない。地域における学びの場合はなおさらそうだ。「徒労に賭ける」という宣言は、地域をよくするための、なかなか先の見えない小さな学び＝小さな活動を、それでも根気強く継続している一人ひとりを勇気づける言葉なのだと思う。

本書『場の教育』には、そうした人びとのさまざまな活動が多数登場する。第1部では主として歴史的な活動として、第2部では現在の実践活動として。とはいえ、主人公は「人」というよりも「場」だといっていいかもしれない。地域における、土地に根ざした学びが場の教育である。学びにおける場の大切さが、さまざまな角度から何度も繰り返される。とりわけ農山漁村という、長い間人びとの活動が蓄積してきた場は、高い教育力をもつだろう。この力が十分に活用されるとき、学びは生き生きとしたものになり、学ぶ人一人ひとりを変革するだろう。土地に根ざした学びは、「徒労に賭ける」人びとに対し、けっして徒労には終わらない希望を提供するにちがいない。

そんな希望を信じながら、本書は執筆された。第1部（岩崎正弥執筆）では、主として歴史に重点を置きながら、そこでの考察を現状と交差させ、「場の教育の可能性」を理屈づけることに力を入れる。第2部（高野孝子執筆）では、新潟県南魚沼市の清水集落や栃窪集落でのTAPPOの実際活動の紹介を通して「場の教育の実践」を考察する。それぞれ著者が異なるため、文体や力点の置きどころに差異もある。だが、場のもつ教育力を強調したいという本質は共鳴しあっている。

むしろ、そうしたちがいのゆえに、異なるふたつの物質から新しいひとつの物質が生成される化学反応のような、より好ましい相乗効果が生まれているのではないかと期待している。どうしても理念に流れがちな第1部と、世界のPlace-Based Education（PBE＝地域・土地に根ざした教育）に精通している高野さん自らの実践活動の考察（第2部）とによって、本書全体がバランスのとれたものになったと思う。教育による地域再生に向けて頑張っている人びとに、本書が少しでも希望と元気を提供できれば、私たち著者にとっては望外の喜びである。

二〇一〇年七月

岩崎正弥

シリーズ　地域の再生　12

場の教育――「土地に根ざす学び」の水脈

目　次

まえがき――1

第1部　場の教育の可能性

序章　いま地域と教育を問い直す――17

1　ある地方都市の風景　17
2　中山間地域の悲しみ　19
3　地元を捨てさせる教育　21
4　人口移動と地域の疲弊　23
5　土地に根ざした教育運動の系譜　25

6　まず「いま・ここ」を掘り下げる―「場」という視角―　27
7　地域再生学としての〈場の教育〉　29
8　第1部の構成　30

第1章　多様な地域を相互承認する―　33

1　自立を強要される地域　33
（1）「アフリカのダチョウ」という寓話　33
（2）成功事例集の氾濫　35
（3）中山間地域の内発的発展　36
（4）「自立」とは何か　37
（5）自立できない地域は価値がないのか　39
2　多様な地域のすがた　40
（1）計測困難な地域のかたち　40
（2）動く地域／動けない地域／動かない地域　42
（3）〈地域の死〉といわゆる「限界集落」　44
3　愛知県東三河の都市・山村関係史　47

（1）戦前期の人口流動　47
（2）東三河地域における高度経済成長期の人口流動―山村から都市へ―　49
（3）山村の疲弊―ダム建設の影響―　52
（4）子どもの目からみた山村　55
4　共依存から相互依存の地域関係へ　59
（1）共依存関係という見方　59
（2）自立とは相互依存　61
（3）飯田の「地育力」プロジェクト―土地に根ざした教育の役割―　63
第2章　土地に根ざした教育の歴史に学ぶ――67
1　土地に根ざした教育運動　67
（1）現実を相対化する　67
（2）歴史は繰り返す？　69
（3）土地に根ざした教育運動　70
（4）大正・昭和初期という時代　72
（5）地域再生という視角　73

2　土の教育運動―自律と連帯を求めて―　75
(1) 帰農ブームとトルストイズム―「土」に生きる人びと―　75
(2) 新しい地域社会構想としての自治社会の意味（1）―自律とは―　76
(3) 自律＝必然＝自由の世界　78
(4) 新しい地域社会構想としての自治社会の意味（2）―ネットワーク型連帯を求めて―　79
(5) 教育的手法の選択　81
(6) 大西伍一の学校教育批判　83
(7) 郷土教育への接続　85
3　郷土教育運動―いま・ここを掘り下げる地域学の源流―　88
(1) 郷土教育運動とは　88
(2) 対象としての郷土、方法としての郷土　89
(3) 郷土読本―滋賀県蒲生郡島小学校の場合―　91
(4) 越境する空間　93
(5) もうひとつの伝統　95
(6) 新しき郷土社会の建設―生活の消失―　96
(7) 郷土と地域アイデンティティ　98
(8) 誰が郷土社会を建設するのか　100

4 デンマーク型教育運動 101
（1）地域再生と人材育成―塾風教育の勃興― 101
（2）デンマークのフォルケホイスコーレ 103
（3）フォルケホイスコーレの本流 105
（4）農民福音学校とその教育内容 107
（5）賀川豊彦の「立体農業論」の可能性 109
（6）農民道場とはなんだったのか？ 111
（7）「土」を愛する人物の育成 113
5 地域と教育の「場」の発見―江渡狄嶺の思想― 115
（1）江渡狄嶺という人物 115
（2）狄嶺の提起した場 117
（3）単校教育論 118
（4）私と公の共存 120
（5）連帯をベースにした自律 122
（6）場に立つ教育 123
6 土地に根ざした教育の現代性 125
（1）農村は国体の最終細胞？ 125

(2) 普遍的な技術vs.固有の風土 127
(3) 現代の地域に学ぶ 129
(4) 身近さの回復―〈逆さま遠近法〉の修正― 131
(5) 場を発見する 133
(6) 場の教育でこそ、地域と教育が再生する 134

第3章 場の教育が希望を創る ―― 141

1 地域を希望の空間に変える視点 141

(1) 現代でこそ必要とされる「場の教育」 141
(2) 地域の存在論―人が住んでいることに意義を― 143
(3) 多面的機能論の落とし穴―費用対効果へのすり替え― 145
(4) 「空間の履歴」という考え方―暮らし続けてきた空間― 146
(5) 主観を理解する―かけがえのない個、支え合う公共― 148
(6) 地域の認識論―地域ブランドの根源にあるもの― 150
(7) 地域の価値論―計測されない豊かさへの確信― 151
(8) 資本・国家と地域との関係―地域の自律性の確保― 153

2 場の教育とは何か 156
(1) 場のマネジメント 156
(2) 二重の場─構造としての場と認識としての場─ 157
(3) 場の教育の四段階プロセス 159
(4) 農業の教育力＋地域の教育力＝場の教育力 163
(5) 農業の教育力と四段階の場の教育 165
(6) 遠のいた農の教育力を取り戻す 167
(7) 場をもつ主体─地域人の新しいイメージ─ 170
3 多数のプレイヤーが地域を育てる─場の教育の応用としての地域そだて─ 172
(1) 費用対効果と一匹の羊 172
(2) 地域づくりから地域そだてへ 173
(3) 構造としての場を変える地域そだて 175
(4) キーパーソンとは誰か？ 178
(5) ソーシャル・インクルージョン型地域そだての提唱 180
(6) 女性が場を変える─静岡県浜松市天竜区熊《くんま》地区の事例─ 182
(7) 場の教育に立つ地域そだて─二段階の学びと実践─ 184
(8) 越境プレイヤーが地域をつなぐ 188

（9）場の豊かさへ―希望の空間―　189

第2部　場の教育の実践

第1章　学びの場としての農山漁村―――195

1　元気な中高年　196
2　土地とつながる意味　198
3　農山漁村に内在する価値　202

第2章　TAPPO「南魚沼やまとくらしの学校」の誕生―――205

1　南魚沼市の概況　205
2　小学校存続が危うい　207
3　持続可能な社会へのヒント　210
4　TAPPOの仕組み　213

第3章　TAPPO「南魚沼やまとくらしの学校」の活動――217
1　TAPPOの目標　217
2　清水「やまざとワークショップ」　219
（1）交流事業としてのナメコのコマ打ち　219
（2）水路作業から学んだ　222
（3）交流から生まれてきたさまざまなアイデア　224
3　栃窪かあちゃんず始動　227
（1）交流や自然を通した活気ある村をめざす　227
（2）栃窪かあちゃんずのウォーミングアップ　230
（3）進化の予感　233
4　田んぼのイロハ／食と暮らし　234
（1）稲がいとおしく思えてきた　234
（2）ふれあいの場、知恵を伝える場　237
（3）自家用の野菜に農薬は使わない　242
（4）土と山の恵みのプログラム　244
5　棚田草刈りアート日本選手権　249

（1）こんなバカなこと　249
（2）つながりという価値　254
（3）草刈りアーティストたちの感想　256
6　集落に起きた変化　260
（1）元気と活気　261
（2）若手と女性たちの動き　262
（3）夢や希望が湧いてくる　263
（4）地域住民同士の新たなつながり　264
（5）環境意識の変化　265

第4章　地域づくりに大切なもの――273

1　TAPPOが達成できたこと　273
（1）作業を学びの素材に　274
（2）都市農村連携と持続可能性　275
（3）国内外でのメディア露出　275
（4）地域と外部団体との連携　276

2 変化を起こした要因 276
3 新しい価値の創造 278
あとがき 283

第1部

場の教育の可能性

序章　いま地域と教育を問い直す

1　ある地方都市の風景

以前「聞き屋」をしたことがあった。聞き屋といっても職業ではない。毎週1回、月曜日の夜、数名の仲間と一緒に駅前のペデストリアンデッキで行なった傾聴ボランティアである。

話しに立ち寄った人たちは、予想に反して圧倒的に10代の子どもたちであり、その内容も重たいものが多かった。他愛のない冗談話に興じたあと、ひとり残った子どもが突然深刻な顔つきになって、リスト・カットを繰り返した腕を見せてくれたこともあった。なんの心配もなさそうに見える笑顔の裏側に、とくに家族問題を中心とするシビアな問題を隠していたのである。

私が現在暮らしている地は、人口38万人の地方都市・愛知県豊橋市である。苦しむ子どもたちが多い例外的な都市ではないはずだ。あえて特徴をいえば、ブラジル人が多いということだろうか。隣接する静岡県浜松市と並んでブラジル人の数は全国1、2位を争う。もちろん背景にあるのは自動車関連産業など製造業の豊富さである。しかし2008年秋のリーマンショック、トヨタショックによって事態は一変した。2009年5月31日、豊橋でも「一日派遣村」が実施され、100名を超える人が相談に訪れたが、圧倒的にブラジル人が多かった。この間、正確な数字はわからないが、多くのブラジル人が政府の帰国支援金を利用して帰国した。

現代社会の歪みのしわ寄せが、子どもや外国人労働者など、もっとも弱い人たちへと押しつけられている。私は2006年に豊橋市内のホームレスの実態調査を行なったが、そのさい目視確認できなかった外国人ホームレスが今後は増えていくだろうと予想される。また豊橋のある小学校では「いじめごっこ」がはやっているという話も聞いた。本気の「いじめ」ではなく、ある特定の子を「いじめ」の対象にして遊ぶゲームだそうだ。それでも対象に選ばれるのは弱い立場の子どもである。より弱い者へ弱い者へと、嫌なことがどんどん押しつけられる現実が加速しているように思われる。

そんななか、毎日のように心をくじくニュースが飛び込んでくる。テレビや新聞をみなくても、学校からも不審者情報が頻繁に携帯電話に発信される。最初は「こんな地方でも!」と驚きと不安をもって確認していたメールも、同じような情報が繰り返されるたびに、「ああまたか。いい加減にしてくれよ」という嘆きとともに、感覚が次第に麻痺し、一種の無関心へと転化し始めているように思う。

かつてマザー・テレサは「愛の反対は無関心だ」と語ったが、無関心は地域社会を荒廃させるもっとも危険な心情のひとつである。無関心は無気力を生み出し、結局「何をしても変わらないよ」という、怒りとも諦めともつかない呟きが私たちの心を蝕み始めていないだろうか。そういう現状が地方都市の現在のすがたなのである。

もちろん街をよくしようとするさまざまな活動もある。行政も、ボランティア団体も、地元企業も、みんな頑張っているのだ。しかしそれぞれの「頑張り」が互いに見えず、対話が実現しないため、不満を募らせ、相互不信から対立にまで至っているケースがみられている。最近コミュニティという言葉が盛んに聞かれるが、相互扶助的な信頼や人と人との絆がますます叫び求められるようになったことの証であろう。

2　中山間地域の悲しみ

しかし事態がより深刻なのは中山間地域である。「過疎」という言葉には要約できないほど多様な現実が確認できる。ひとつの過疎自治体の中にも、中心と周縁が存在し、内部格差が広がり対立を生みだしている。

同じ自治体の中でも地区間対立がみられるし、同じ地区の中でも世代間対立があらわになり始めてきた。例えば施設立地をめぐる地区間の綱引きであったり、集落での葬儀の方法をめぐる世代間対立であったりと、対立の話を耳にしない地域はないくらいである。

2003年から2004年にかけて、愛知県奥三河地域と長野県南信州地域（いずれも中山間過疎地域）でソーシャル・キャピタル（Social Capital、以下「SC」とする）に関する調査研究を行なったことがある。SCとは、信頼、相互扶助、規範、ネットワークなどの人と人との間に存在する「資本」を指す。ふつうは濃密な人間関係や社会組織が残る中山間地域のSCは高いと考えるだろう。たしかにふつうの過疎ならそうかもしれない。だが集落消滅が危惧される地区にあっては必ずしもそうではなかった。ある地区では「自分勝手。無愛想。地域としての和がない」と住民がはっきり不満をもらしていた。

さまざまな要因が重なってこういう事態が生じている。何十年も動いてきたけれど過疎は止められなかった、そんな経験が絶望へと転化している場合もある。たとえ思いはあっても、高齢のため動けないというケースも少なくない。一種の諦めムードが中山間、ことに厳しい状況に置かれている集落や地区を覆っているように思われる。ある町の行政担当者が嘆いていた。「側溝がゴミで埋まっている、なんとかしてくれ」「道に猫が死んでいる、なんとかしてくれ」、こういう「なんとかしてくれ」電話が多くて困ると。自治意識が希薄になり始めているのだろう。

それでも子どもたちは希望をもっているものだ。もういまから10年以上も前の1997年、奥三河の豊根村調査を行なったさい、中学生意識アンケート調査（全校生徒62名に実施）をしたことがある。「将来豊根で仕事をしたい」と望んでいる生徒は21％おり、「外に出たい」と表明した子の12％を上回った。また54％の生徒が「将来豊根は良くなっていく」と回答している（「悪くなる」という悲観論は12％）。過半数の生徒が川魚や山菜の採れるスポットを知っており、野生動物にふれる機会も多いことから、貴重な資源として自然環境を意識していることがわかった。ある中1の生徒は、豊根を活性化するプランとして、自然を活かした月変わり観光モデル（気球による観光、絵葉書セットやテレフォンカードづくりなど）を提示して、私は感心したことを思い出す。

もちろん実際にはこの子たちが将来豊根村に残ることは難しい。高等教育機関の不在や雇用の場の欠如という社会環境の不備があるからだ。だがここで私が強調したいことは、豊根は中学校の全寮制（1976年）という画期的な制度（全国で2番目の導入）を通して教育の刷新をはかり、愛郷心を取り戻し、維持強化することに成功した村だったのではないか、ということなのである。

3　地元を捨てさせる教育

中国四川省の農村調査を行なった李飛亜氏（2010年3月、愛知大学大学院修士課程修了）によれば、小学校アンケート調査の結果、ほぼすべての子どもたちが将来は都会に出て暮らしたい（希望の職種は「医者」と「建設会社社長」が多かった）と答えている。中国では立身出世をめざした成績重視の学校教育が実施されているらしい。

それでは日本はどうなのか。明治以降の近現代日本の学校教育をふりかえったとき、やはり基調は成績重視の、いわば〈地元を捨てさせる教育〉だったのではないか。かくいう私自身も地元を捨てたひとりなのであるが、だからなおさらのこと、近現代日本の地域と教育について考え直してみたいと思っている。

実はすでに明治30年代に、「教育熱」が「都会熱」とセットになって地元を捨てさせている現実に危機感が表明されていた。「日本デンマーク」安城の形成と普及に功績を残した安城農林高校の初代校長・山崎延吉《のぶきち》（1873〜1954）が『農村自治の研究』（1907年）の中で、「教育熱」が農村より「人材」を奪い、「資本」を奪い、「堅実なる美風」を奪うことを述べている。ここで述べられる「教育熱」とは、「末は博士か大臣か」という立身出世のための学校教育を指す。明治後期には受験戦争もノイローゼも存在していたことはすでに指摘されてきたことだ。

山崎が危惧していたように、農山漁村から都会への人口流出は明治半ばごろから次第に顕著になり、大正、昭和とこの傾向が続くことになる。昭和10年代に地理学者の三澤勝衛（1885〜1937）は人口流出をこう分析している。身柄は農山村にとどまっていても心はすでに遠く都会へと走っている、その原因は指導者ですら地元に対する真の理解をもっていないからだと。つまり自地域に対する無知が、結果的に地元を捨てさせる教育を生成・助長し、人びとの離郷を促進させているという理解である。

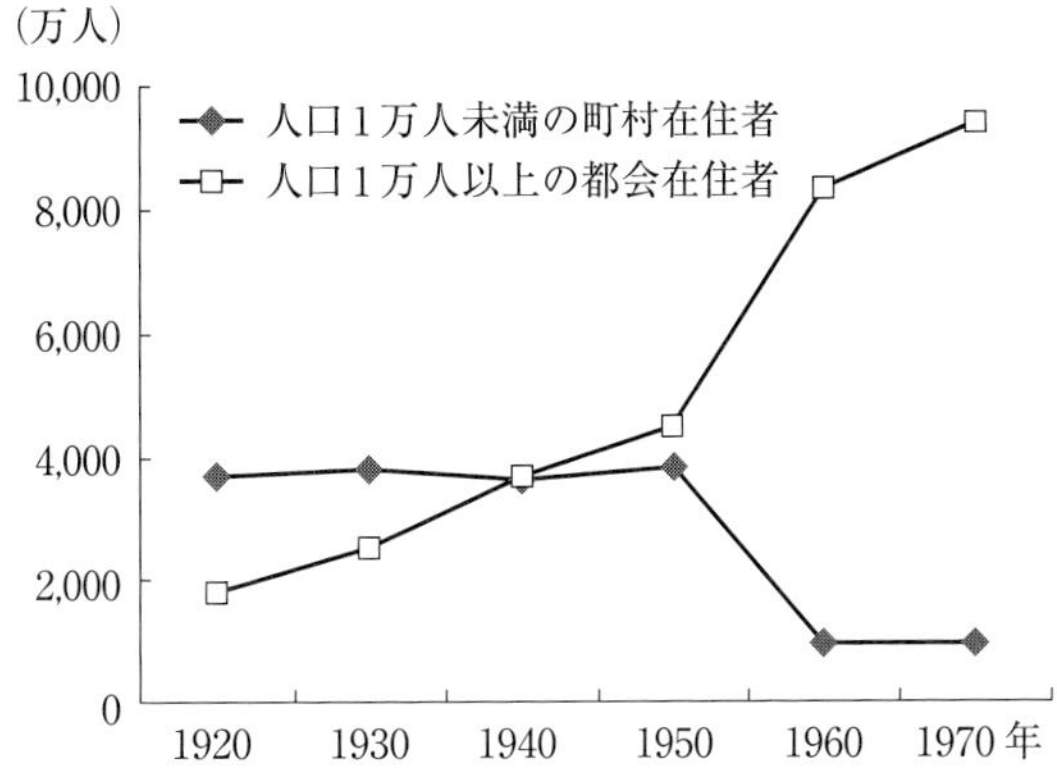

図1–序–1　農村と都会の在住人口の推移

資料：安藤良雄編『近代日本経済史要覧（第２版）』東京大学出版会、1975年より作成。

4　人口移動と地域の疲弊

１９２０年から70年までの50年間における農村（人口１万人未満）と都会（人口１万人以上）在住者の人口動態を図１－序－１に示した。農村在住人口（括弧内は総人口に占める割合）は１９２０年３７９３万人（67・８％）、30年３８１６万人（60・１％）、40年３６２２万人（49・５％）と減少し、都会在住人口は１９２０年１８０４万人（32・２％）、30年２５２９万人（39・９％）、40年３６８９万人（50・５％）と増加している。三澤が危惧を表明したのは１９３７年、ほぼ農村在住人口と都会在住人口が拮抗していた時期であった。

いうまでもなく農村人口の減少は戦後も続く。というよりも、ドラスティックな変動は戦後に訪れる。１９５０年３８２９万人（46・０％）、60年

970万人（10・4％）、70年963万人（9.3％）となり、高度経済成長期には人口総数に占める比率は1割を切った。とくに1950年から60年の激減は、昭和の合併策によって過小町村数が減ったことも大きいが、それに加え労働力として若年人口が大量に都会へと移動したことが重要だ。したがって都会在住人口は、1950年4490万人（54・0％）、60年8372万人（89・6％）、70年9409万人（90・7％）と一気に人口を増加させていった。

この過程で過疎化と呼ばれる現象が社会問題化したのである。「過疎」という用語は実は造語であり、公式文書としては1966年に経済審議会地域部会（経済企画庁）での中間報告で使用されたのが最初だといわれているが、過疎化を外的要因ばかりに帰するわけにはいかないだろう。例えば「イナカ再建運動」（1976年、島根県農協大会で決議）にかかわった乗本吉郎氏は、過疎化現象を「ムラの内的亡び」、すなわち過疎を引き起こした主体的要因からとらえている（『過疎問題の実態と論理』富民協会）。乗本氏のいう「内的亡び」とは、補助金政策等により地域住民自身が主体性を失い、判断力と抵抗力を喪失し、無気力になった状態をいうが、教育はこうした「内的亡び」と共犯関係にあったといえないだろうか。

先ほど私も地元を捨てたひとりだと書いた。静岡県の地方都市・旧清水市（現静岡市）で生まれ育ったのだが、地元を対象にした学校教育を受けた記憶はほとんどない。せいぜい小学校時代に、まだ元気だったころの清水の工場見学に行ったことぐらいだろうか。2005年に都市再生機構がコーディネートし、行政・地元商店街・大学生が中心となって「清水まちづくりカレッジ」をJR清水駅前で実施した。私もこの企画に協力し、子どものころ楽しみだった七夕祭りも何十年かぶりに見学（参与観察）した。かつての勢いが失われていたことに寂しさを覚えたのだが、それ以上に驚いたのは、すでに１９７０年代半ばから大型小売店に対抗して、当時の若手が「かわら版」をつくって商店主らの意識啓発に努め、商店街活性化のために頑張っていたという事実だった。当時中学生・高校生だった私は、しかしそんな事実を学校で教わった記憶はもちろんない。

こうした状況は基本的には現在も変わっていないようである。私は大学2年生科目として「調査法」という授業の中で、街なかアンケートや農村でのヒアリング、地域住民を交えたワークショップなどを実施しているが、学生によくいわれる。「先生、こんなの小学校以来初めてです」と。奇妙なことに、地元を考えることは特殊な事情がない限り小学校までで、その先は中学・高校を素通りしていきなり大学にまで飛んでしまう。郷土学習はあくまでも小学校・中学年における、より高度な思考を養うためのとっかかりの位置づけしか与えられていないのである。

5　土地に根ざした教育運動の系譜

ただ１９９8年に学校教育に導入された「総合的な学習の時間」、また一方１９９０年代以降全国で活発化している地域学・地元学の動きなどをみると、変化の兆しはあるようにも思われる。地域の中の学校／学校の中の地域、という相互乗り入れのなかで、地域と教育が手を携えて地元の再生に向かう道筋が少しずつ整えられてきた。

本来、地域と学校の関係は分けられない。とりわけ小学校はそうである。明治期に地区が財産を出して建設したケースが少なくないからだ。１００年以上も続いた小学校の統廃合が中山間過疎地域では増えてきたが、4代にもわたって継承されてきた小学校が廃止されるのは、地区にとっては身を切られる思いにちがいない。たんなる建物を越えて多くの経験や感情を蓄積させてきた記憶が断ち切られることに等しいからである。したがって、地域と教育とは車の両輪として考えなければならない。

そのためには、おそらく歴史に学ぶことがひとつの有効な指針になりえるだろう。じっさい時代とともに移り変わる教育理念の中で、地下水脈のごとく流れる一定の教育運動の潮流があった。この潮流は明治後期を源流として、〈土地に根ざす place-based〉ところにその特徴がある。それは主流に対する小さな潮流かもしれないが、大正期から昭和初期にかけて、学校教育への、また都会中心主義への対抗運動として地表に湧出した。とりわけ農村のもつ価値に焦点を合わせ、土や農業から学ぼうとする姿勢をもっていた。

今日もまた農業のもつ価値に注目が集まり始めている。２０１０年1月17日付けの「日本農業新聞」では、「新農業観」という論説を掲げ、農業を「格好いい、感動がある、稼げる」新３Kだとみなす人びとが増えており、こうした風潮を「新農本主義」だと呼んだ。かつて農本主義（農本思想）といえば、右翼ファシズム思想としてしかみられなかったけれど、近年また新たな視角からの捉え直しが始まっている。(1) 私もそのひとりである。２００９年2月に開いた農本思想研究会で「半農半X」の塩見直紀氏に講演をお願いしたのだが、塩見氏も農本思想を「魅力的な思想ですね」と語ってくれた。農本思想は農の本質とその価値を追究した思想であり、土地に根ざした教育思想の重要な柱であった。

6　まず「いま・ここ」を掘り下げる
―「場」という視角―

このような本質と価値の追究という視点が、いま教育と地域を再考するさい重要になるだろう。「追究」という姿勢をいいかえれば、根っこを掘り下げるということだ。意外なことに、世界的な映画監督の河瀬直美氏が、「『国際交流＝世界に出ていく』ことではない」としてこんなことを述べている（「日本経済新聞」２０１０年１月25日）。

> 今の日本で地方に暮らす若者は、ふるさとに誇りを持ちにくい状況だと思います。私も若いころは都会にあこがれたからわかる。だけど、最初にカンヌで賞をいただいた『萌の朱雀』から『殯の森』まで10年、奈良で映画を作り続けて気づいたんです。ここにいて根っこを掘り下げれば、それが世界につながるんだと（傍点岩崎）。

この言葉に私も深く共鳴する。だが「ここにいて根っこを掘り下げ」たとき、なぜ「それが世界につながる」のだろうか。私は「場」を発見するからだと考えている。

私たちが日常会話で何気なく使う場という言葉は、使用頻度は高いけれどもかなり曖昧だ。いま手元にある『大辞泉』(小学館)で場の意味を確かめてみよう。日常用語としての場は、およそ次の4つの意味がある。①物や身を置く所。②ある事が行なわれる所。③ある事が行なわれている所の状況、またその雰囲気。④機会、折り。わかるのだけれども、やはり曖昧だ。そこで、もっと深く場の語源にまで掘り下げて考えてみたい。

中国人研究者・暁敏《ショウミン》氏(愛知大学)に中国語の辞書から次のように教えてもらった。「場」とは「土」と「昜」(＝太陽)を組み合わせた文字である。本来の意味は、太陽が直接照らしている土地の意味だ。したがって穀物を乾燥させる場所の意味がまず生まれた。またここから派生して、人びとが集まる場所、人びとが集まってなんらかの出来事が生じる場所(戦場、会場など)の意味が生まれたという。

つまり、場とは本来、さまざまな異なる人びとに開放され、だから多様な人びとが集まり、交わり、活動を生み出し、共に活動する場所を指す。私が「場所」ではなくあえて「場」という言葉を用いるのは、このような原義をふまえて、以下の視点を導入したいからだ。

①開かれていること(閉鎖性を土台としない)。

②生み出すこと(静態的ではなく活動を生成するという意味で動態的である)。

③包み込むこと(土地が太陽を受け入れるように、異なるものも異なるものとして受容する)。

しかし前提となる条件が、

④具体的な場所、本来は農業労働と結びついた土地である、ということだ。〈開かれ、生み出し、包み込む〉という特質をもつ空間が場である。認識のある到達点でもあり（認識としての場）、場所環境がもつ固有の雰囲気でもある（構造としての場）。そしてもう一点確認したいことは、原義からははずれるが、

⑤場自体も変容するという事実である。構造としての場と認識としての場は連動し、構造としての場が変容すれば、おそらく認識としての場も影響を受けるだろう。

自らが暮らす土地に根ざすこととは、「根っこを掘り下げ」ていくことであり、そのとき〈認識としての場〉を発見し、それにふさわしい〈構造としての場〉に変えるための活動をする動きが起こるだろう。あるいは逆に、あらかじめ〈構造としての場〉に働きかける活動をし、その過程で〈認識としての場〉を発見する場合もありえる。こうした一連のプロセスを〈場の教育〉と呼んでみよう。

7　地域再生学としての〈場の教育〉

この場の教育とは、地域（地元）を捨てさせてきた教育理念に代わり、地域に目を向け、地域の再生を担う主体的・再帰的な学びと活動の方法を指す。住民が地域を知り、地域を育てる方法だといいかえてもよい。それは土地に根ざす教育という、明治後期以降今日まで続く一定の潮流の内に位置し

ている。

〈開かれ、生み出し、包み込む〉が場の特質だと書いたが、この場を発見したとき、私たちはいったい何を理解するのだろうか。第1部を通してこの点を明らかにしたいと思うが、結論をある程度先取りしていえば、地域認識の転換と実践とをもたらすだろう。すなわち、バラバラにみえる固有の諸事象間のつながりを知り、自分との距離を正確に把握することを可能にする。いいかえれば、さまざまな資源を身近な位置に置き直す試みであり、さらに必要に応じて活動をすることだ。それが場の教育である。

地域の再生を主体的な視角（担い手論）から考えるとき、可能な限り多くの地域住民が場を発見し、自地域を見つめ直すことが大切となる。いま・ここの地域の場を知るとき、地域を愛し、地域を育てる思いが芽生えるだろう。すべての人がプレイヤーになる必要はないし、なれない場合もある。多様な選択肢を認めることである。かかわりかたはさまざまでも、思いを共有しつつ、できる範囲で地域を育てる行為に参画することが、場の教育のめざすところだといえるだろう。

8　第1部の構成

以上の問題意識をもって、第1部では次のように論述を進めたい。

まず第1章では、地域像の認識転換を実際の事例を通して促したい。とくに従来の都市・農村関係を〈共依存関係〉ととらえ、新たに〈相互依存関係〉をめざすべきことを強調する。

続く第2章では歴史から考察する。土地に根ざした教育思想史の潮流をしっかりとふまえることが、今日の地域再生には不可欠ではないか。こういう認識から、大正期から昭和初期の土地に根ざした教育思想を追跡する。この追跡の過程で場の教育という考え方を浮き彫りにしていこう。

さらに第3章では、場の教育の可能性とその具現化について論じる。土地に根ざした教育思想史から浮かび上がる場の教育を対象に、若干の理屈づけをしつつ、〈地域そだて〉という活動に向けた方向性を考える。疲弊した地域を希望の空間へと変える道筋を展望してみたい。

そもそも教育とは時間と手間のかかる営みだ。学校をはじめ地域の協力・連携が必要なことはいうまでもない。また50年後を見すえた目標を掲げ、試行錯誤を繰り返す覚悟も必要かもしれないし、いま・ここにある問題に対応するための即効性のある取組みも無視できない。いま飢え渇いている人に50年後のことを語っても仕方ない。だが食事の提供と同時に、迂遠のようにみえても教育的な手法、すなわち価値観の転換をともなう内なる潜在力が引き出される取組みもまた重要なのである。

現在に根を下ろしつつ、未来を志向して過去に学ぶこと、それが第1部の狙いである。

なお以下の第1部の叙述において、引用文中の傍点、亀甲括弧〔　〕内はとくに断らない限りすべて岩崎の補足である。また読みやすさを心がけるため、途中を省いて一文にする場合もあることをあらかじめ断っておきたい。なお第1部で「農村」と表記した場合でも、とくに断らない限り山村・漁村も含んだ概念として用いている。

注

（1）1960年代後半以降農本主義研究は綱澤満昭氏がリードしてきたが、現代の地点からみる農本主義研究の意義は、船戸修一「『農本主義』研究の整理と課題」（『村落社会研究ジャーナル』第31号、2009年）によくまとめられている。

第1章　多様な地域を相互承認する

1　自立を強要される地域

(1)「アフリカのダチョウ」という寓話

学生時代もっとも影響を受けたひとりに、2歳年上のHさんという友人がいた。そのHさんから当時聞いた創作寓話が30年近くたったいまでも忘れられない。「アフリカのダチョウ」という物語だ。

アフリカに鳥の学校がありました。この学校では大空への羽ばたき方を教えます。アフリカ中から鳥が集まってきました。先生は大きな翼をもつワシ。ワシ先生の熱心な指導で、一羽、また一羽と鳥たちが空を飛べるようになりました。ところがいつまでたっても飛べない鳥がいたのです。そう、ダチョウです。ワシ先生も仲間の鳥たちもダチョウを馬鹿にします。ダチョウは悲しくて悔しくて、ついに断崖から飛び降りて自殺しようと決意しました。断崖絶壁までやってきて、『さあ、ひと思いに飛び降りよう』と下を覗いた瞬間、ダチョウの目に海を気持ちよさそうに泳ぐペンギンの姿が映ったのです。ダチョウは自分の目を疑いました。なぜって、ペンギンも鳥だからです。同じ鳥なのに、どうして空を飛ばないで海を泳いでいるのでしょうか。ダチョウは大声でペンギンに尋ねると、ペンギンはこう答えました。「だって、僕は、この広い海をこうして泳ぐのが大好きだからさ！」。ペンギンの答えを聞いてダチョウの目が開かれました。『そうか。僕も空を飛ぶことじゃなくて、アフリカの広大な大地を駆け巡ることが好きなんだ！』と。こうしてダチョウはようやく自分の本来の姿を見つけ、楽しくアフリカの大地を駆け巡る毎日を送りました。……ところがある日、せっかく幸せに暮らしていたのに、石に躓《つまず》いて転んでしまい、足の骨を折ってしまったのです。悲しいことに、ダチョウはもう二度とアフリカの大地を駆け巡ることができなくなってしまいました。

最後の落ちがなんともやりきれない、しかし心にズシッと重く響く寓話である。Hさんはいつも「僕はこの足を骨折したダチョウなんだ」と私に語っていた。残念ながら彼は精神の病を悪化させ、その後26歳の若さで亡くなった。Hさんのいいたかったこと、それは、人はそれぞれ考え方も生き方もちがうということを承認すること、しかも「できる」ではなく「ある」においてちがいを認め合うことの大切さを訴えたかったのだろう。やや理屈っぽくいえば、存在の価値論を確立したかったのだと思う。

いま地域においてもっとも重要なことも同じではないか。足を骨折した地域はたくさんある。成功例ばかりが取り上げられるけれど、圧倒的に多いのは、いろんな試みをしたけれどもうまくいかなかった地域である。あるいは試行錯誤を続けている地域である。そういう地域もあわせて大切なのだ。だから、ありのままの存在自体を承認しなければならない。活動はこの前提が保証されてこそ立ち上がるだろう。本章ではこの問題をさまざまな角度から考えてみたい。

(2) 成功事例集の氾濫

いま世の中はノウハウ集ばやりである。競争が激化するほどノウハウ集が重宝される。貴重な時間を試行錯誤に費やすよりも、マニュアルがあればより効率的に時間を活用できるからだ。地域づくりをめぐる分野でもノウハウ集ははやっている。別の言葉でいいかえれば先進事例集である。国や県はこうした事例集を刊行する。ただ、それでうまくいったという話をほとんど聞かない。なぜなのか。私の知っている事例で考えてみよう。

中小企業庁に「がんばる商店街77選」というWebサイトがある。愛知県下で3か所の商店街が紹介されている。名古屋市の大須商店街と瀬戸市の銀座通り商店街。そしてもうひとつが豊川市の豊川稲荷商店街である。この商店街は有名な豊川稲荷の門前町としてかつては来街者が多く、1950〜60年代には年間600万人の参拝者を数えたそうだが、2000年には200万人にまで落ち込んだ。なんとかしなければと立ち上がった若手商店主4人が、「いなり楽市実行委員会」を結成した。そして同委員会が中心になって、月1回のいなり楽市の開催、なつかし青春商店街のコンセプトをもった景観づくり、新しい食の開発、市民を巻き込んだ街づくりなど、さまざまな仕掛けを通して商店街の再生をはかっている。大学生も多く参加して、私のゼミ生たちもチンドン屋としてイベントに参加した。

とてもユニークで面白いのだけれど、この事例をほかの商店街にも適用できるかといえばそれは難しい。商店街のよって立つ環境（立地場所、規模、交通基盤、周辺の住環境、競合施設の有無、文化伝統……）がそれぞれちがうからだ。

（3）中山間地域の内発的発展

中山間地域の先進事例も同じである。最近では、徳島県上勝町の彩《いろどり》事業、高知県馬路村のゆず加工生産などがあげられるけれど、ほかの中山間地域が真似することは難しい。古くは昭和30年代の北海道池田町のワイン生産（十勝ワインのブランド化）、大分県大山町（現日田市）のNPC運動（New Plum & Chestnut〔新しい梅・栗運動〕）。「梅・栗植えてハワイに行こう」のキャッチフレーズで町民の意欲を喚起し、のちの一村一品運動の先駆けとなった）があった。しかし、繰り返すが、真似をして成功した事例があるだろうか。マニュアルは存在していないのである。

私たちが先進事例から学ぶことができるのは、いわば「原則」にすぎない。財政学者の保母武彦氏は、内発的発展のチェックポイントとして、①完成度の高いグランドデザイン、②地域住民の理解、③リーダーの存在、④運営資金、以上の4項目をあげた（『農山村の内発的発展』岩波書店）。

そのとおりだと思う。ただ、この整理は原則という一般論である。各地域の課題は、この原則を適用して、具体的な方策を立て、実施に向けた体制づくりと活動をどう行なうか、にある。ここがきわめて難しい。そしてより深刻な問題は、原則が拘束力をもってしまうことだ。「①②④はあるのだけれど、わが地域にはリーダーがいない。……やはり駄目だ」とならないだろうか。リーダーに代わる別の方法があると思うのだが、その心を忘れて、リーダーの不在が内発的発展の不可能性へと直結してしまう。しかも過去に、リーダー養成塾のような取組みをしてうまくいかなかった場合には、なおさら挫折感と無力感が強くなる。

ノウハウ集から脱却するべきだ。さらに原則をもいま一度疑おう。少し立ち止まってこれまでの常識を問い直し、自地域のよって立つ根拠に目を向けたい。

(4)「自立」とは何か

最近「自立」を冠する法律名や制度名が多い。過疎地域自立促進特別措置法（2000年）、ホームレス自立支援法（2002年）、障害者自立支援法（2005年）、定住自立圏構想（総務省、20

08年）、と列記すると、弱い者、弱い地域の保護を少なくして経済的に独立させようという意図が見えてくる。体のよい財政縮減策に思えてならないのだが、それに呼応して「自己責任」という言葉が、本来の範囲を越えて「社会責任」の領域までも浸潤し始めている。NHKクローズアップ現代で取り上げられ反響を呼んだ「〝助けて〟と言えない～いま30代に何が」は、まさに「社会責任」までも「自己責任」として引き受けてしまった真面目な30代の苦悩を描き出していた。

自立が強要されるのは個々人ばかりではない。経済的に弱い町村や地方都市も同様だ。平成の市町村合併も背景には自立促進があった。それに対する不満はここであげるまでもないだろうが、合併特例債などのアメと地方交付税減額などのムチによって誘導された合併策には、とりわけ過疎地域の不満の声が大きい。長野県南部（南信州）は国の合併策に呼応せず多くの町村が非合併を選択したが、そのひとつが泰阜《やすおか》村である。

泰阜村は戦時中、国の政策に呼応して満洲への分村移民を推し進めた村だった。1938年から移民が始まり、最終的には277戸、1174人が入植したが、敗戦による甚大な被害を受けたことで有名な村である。それはたんなる過去の苦い経験ではない。泰阜に帰村した「残留孤児」をめぐって現在でも種々の問題が残されている。泰阜村にとっては、いまでも戦後は終わっていないのだ。だから松島貞治村長は「国は村民を見捨てたのではないか」という疑問を抱きながら、「自律」を村政の柱に掲げている。

辞書的にいえば、「自律」とは自分をコントロールすること、「自立」とは自分だけで物事を行なうことである。地域の幸せを考えた場合、自立ではなく自律が第一にある。すなわち判断と決定を行なうのは当事者たる地域自身である、という宣言が自律であるだろう。

また、自立を強調することで、「発展なき成長」を助長しかねないという危惧もある。「発展なき成長」とは、経済の量的拡大のみを求め（成長）、地域の経済構造の改革、すなわち地域の総合的な豊かさという発展を考慮しないあり方だ（安東誠一『地方の経済学』日本経済新聞社）。その結果、場当たり的、近視眼的な施策がとられ続けてきた。１９８０年代後半、全国に吹き荒れたリゾート開発の嵐もその典型だった。

（５）自立できない地域は価値がないのか

緊縮財政のもと、いつ頃からだろうか、「選択と集中」ということがいわれ始めた。ばらまき批判と軌を一にして、意欲のある地域、すなわち国の施策に呼応して手をあげ計画立案できた地域を選別して、集中的に予算措置を講じるようになった。逆にいえば、理由の如何を問わず、現時点で意欲のない地域は、国の施策に一線を画し独自に課題に取り組む地域も含めて、一様に切り捨てられることになった。

意欲のある地域に国が財政的に支援することは悪くない。問題は、地域の履歴を無視していることだ。意欲がないのは、じつは国の施策に積極的に呼応した結果、「国に見捨てられた」という意識が強いからなのかもしれない。また意欲はあるのだがそれを形にできる人がいないため、意欲がないように映るだけなのかもしれない。あるいは、何十年も課題に取り組んできたけれど成果が上がらない、それゆえ無力感に陥っているのかもしれない。しかも地域自身の責任ではなく、構造的な問題という自助努力の範囲を超える場合には、懸命に頑張ってきた地域ほど無力感に襲われるだろう。

地域のすがたは多様である。意欲がない、頑張っていない、という見方はあまりに一面的すぎる。その理由に一歩踏み込んで現状を理解すれば、自立できない地域は価値がないなどとは到底いえまい。足を骨折したダチョウだって生きる権利はある。いま一度、地域の多様なすがたを確認してみたい。

2　多様な地域のすがた

(1) 計測困難な地域のかたち

私たちが地域を把握するとき、まず資料（統計、文書記録等）に当たることから始めるのがふつうである。統計は地域の現在と過去を知るのに最適だが、しかし地域把握の入り口でしかない。統計で知りえないことは現地調査で補わねばならない。アンケートやヒアリングを行ない、ときにはワークショップ形式で住民とともに問題に向き合うこともある。だがいつも隔靴掻痒《かっかそうよう》の感が拭えないのは、沈黙の部分、すなわち語られない、語りえない部分をどう把握したらいいかがわからないからだ。

「わからない」というのにはふたつの意味がある。ひとつは、アンケートやヒアリング、さらにはワークショップでも、地域住民の一部の声が反映されるにすぎないという限界だ。これまでの経験からいえば、アンケートで回収率を過半数以上にするのは非常に困難である。行政や地元地縁組織の全面協力があれば別かもしれないが、今度は精度の問題が出てくる。声なき声もひとつの意見だとみるしかないのだろうか。

もうひとつは、仮に全数調査に成功したとして、それでも地域の本質はつかめないだろう。というのも、可視化される事柄、さまざまな数字や仕組みを完璧に把握しても、地域の固有の性格まではわからないからだ。同じような産業構造をもちながらも、地域性が同じだとは限らない。ちがうのであれば、なぜなのか、その理由を突き止めなければならない。

例えば互いに隣接しあう豊橋と浜松とは、明治期には産業構造や人口規模も類似していた。温暖かつ空っ風の強い気候風土も似ているが、気質はまるっきりちがうと一般には認識されている。私は豊橋に移り住んで十数年たつが、転居したさいある人からいわれたものだ。豊橋は「やめまいか」（やめようか）だけど浜松は「やらまいか」（やろうか）だと。もし１００万円あれば、リスク回避のため50万円で事業をするのが豊橋、１００万円を担保にもう１００万円借りて２００万円で事業を行なうのが浜松だといわれた。善し悪しは別にして、たしかにそうかもしれない。問題はなぜなのか、であるが、なかなかその理由はわからない。

話がやや脇道にそれたけれど、統計データでは似ていても、地域のすがたは千差万別だということをあらためて強調しておきたい。ここでは中山間地域を例にして、その多様性を活動という視角から確認してみたい。漠然と多様性を強調しただけでは説得力に欠けるので、あえて単純に、「動く」地域、「動けない」地域、「動かない」地域の三類型を提示してみよう。非常に傲慢な物言いかもしれないが、私の真意は序列化ではない。類型化の背景からその理由を探り、タイプに応じた承認をし、取組みにつないでいくための試みである。

(2) 動く地域/動けない地域/動かない地域

中山間過疎地域のソーシャル・キャピタル（SC）に関心をもって調査を行なったことは序章で述べた。そもそも私の問題関心は、なぜ内発的発展を行なえる地域と行なえない地域に分岐してしまうのか、その分岐の理由を探りたかったからだ。保母氏の4チェックポイントに従えば、「地域住民の理解」にかかわる事柄である。これを地域の仕組みやしきたり、慣習などにまで広げたうえで、より包括的な概念としてSC概念を設定して、内発的発展の条件を探ろうとしたのである。

その過程で地域の類型化をめざしたのだが、「動く地域」があることがまず見えてきた。動く地域とは、課題を見つめ、その課題への対処を行なおうとしている、あるいは行なっている地域である。もちろん、すべての問題に対して動くわけではない。

動く地域には、たしかにリーダーがいる。行政主導型のケースもあるが、エンジンとなって牽引する人や組織が存在していることが決定的に大きい。地域づくりに対しては、比較的新しい、いわば新規参入者ほどやる気が強い。

ただし問題もある。動くということは、それだけ摩擦対立も生み出しやすいということだ。ひとつの行政区域の中で地区間の対立を引き起こす場合がある。また別の機会に行なったアンケート調査で、地域づくりの目標について尋ねたところ、過疎山村を除いて、地方都市、平地農村の各地区では、「静かに暮したい」と回答した人が非常に多かった。「活性化」に再考を迫る内容であろう。動くことを望まない住民が数多くいる地区は、では動いていなかったかといえばけっしてそんなことはない。むしろ、さまざまな活動ゆえに、疲れてしまった結果かもしれない。

「動けない地域」とは、意欲はあるものの、高齢化の進行ゆえに動けないというケースを指す。例えば、家々が点在しており、車の運転ができないため移動できない。集まりも、身体の移動がままならないので、二の足を踏んでしまう。かといってパソコン等の情報機器を新たに勉強し、使いこなすだけの意欲もない。なんとかしなければという思いが空回りしているような地区である。

一般的に、SC調査をすれば、地区としてのまとまりのよさはプラスの値として計測される。だが、まとまりはよくても実際に形になって現実化していなければ、その機能を十分に発揮しえない。おおよその目安として、地区の高齢化率が40％を超えると、さまざまな集まりや活動自体が難しくなるように思われる。

「動かない地域」の意味はふたつある。ひとつは動く必要性を感じていない地域、もうひとつは動くことを拒んでいる地域である。前者はそこそこ便利で地区のまとまりもよく、停滞はしているがあえて動かなくても大丈夫だと感じている地域だ。「静かに暮したい」と望む住民も多い。

それに対して後者は、過去何十年と過疎化対策など地域づくりに取り組んできた地区である。個別の対応策ではいかんともしがたい現実に、意欲が絶望へと転化した場合、こういう反応を示すだろう。また国に騙されたという根深い不信感ゆえに、あえて動こうとしない地区もある。昭和の合併を教訓として平成の合併に加わらなかった自治体にこのケースが少なくない。もちろんこの場合、独自の取組みを行なっている地区も多いだろう。あえて何もしないという対応もあるだろうし、別の取組みを行なうという抵抗の仕方もあるだろう。表面だけみて判断はできない。

(3) ＜地域の死＞といわゆる「限界集落」

「動く」／「動けない」／「動かない」という単純な類型化は、とりわけ中山間過疎地域で暮らしている住民には不快感を与えるかもしれない。しかし繰り返すけれど、私の真意は序列化ではない。ありのままの現状を承認したうえで、それではどうしたらよいかを考えることにある。

時間軸を導入してみれば、おそらく、「動く」→一時的な活性化→停滞→失望→「動けない」あるいは「動かない」、という流れがあったはずだ。私は、「動けない」「動かない」地域が、かつての経験をふまえて、もう一度動けるようになればよいと願っている。そのための方法として、迂遠に思えるかもしれないが、地域と教育について再考したいのである。

さて、しかしそのためにも、避けて通れない課題を提示したい。見たくないけれど見なければならない、と私が考える課題、それは〈地域の死〉という事柄である。

かつて都市思想家のJ・ジェイコブスは、『アメリカ大都市の死と再生』という興味深い本を著わした。ジェイコブスは画一的・機能的な都市計画を鋭く批判して、入り組んだ路地や新旧建物の混在など雑多とも映る多様性を擁護した。生きた都市とは多様性に根ざさねばならないと。ジェイコブスは機能的な大都市の死を考察したのだが、現在、物理的な地域の死がいたるところで発生し始めている。

２００６年6月18日付け「毎日新聞」に「『限界集落』もう限界」と題する記事が掲載された。「過疎化進む輪島の5世帯　処分場誘致し移転へ」と中見出しをつけ、本文は次のように始まる。「石川県輪島市門前町の大釜地区で、地区を埋め尽くす約50haの産業廃棄物最終処分場の建設計画が進んでいる。極端な過疎で『限界集落』になり『もう住めない』と、全住民5世帯8人自らが〝集団移転〟と引き換えに誘致した（後略）」。その後、市議会の反対で実現には至らなかったようだが、同じ新聞記事に載せられたひとりの住民の言葉が誠に重い。「先祖代々の土地を我々の代で絶やしていいものか。でも田舎では反対したら住めなくなる。賛成するしかなかった」と。いわば地域の安楽死をめぐる衝撃的な記事だった。

限界集落、限界自治体という言葉と並んで、「むらおさめ」という概念も提示されるようになっている（作野広和「中山間地域における地域問題と集落の対応」『経済地理学年報』２００６年、小田切徳美「農山漁村地域の再生の課題」『まちづくり読本』２００８年）。国土交通省によれば（２００６年）、全国過疎地域の6万2271集落のうち、10年以内に消滅すると予測された集落が422、いずれ消滅すると予測された集落は2219ある。「むらおさめ」は積極的な安楽死をめざしているわけではなく、むらの尊厳を認めたうえでのターミナルケアを提唱しているのだが、「戦略的撤退」ないしは「選択と集中」のスローガンのもと、先の住民のつぶやきを圧殺する想定外のむらおさめが強制されないとも限らない。

私がここで問題提起したいのは、集落消滅という物理的な地域の死、ないしは極度に合理化された機能的な都市の死という個別の地域の死が、じつは他の地域とは無関係で切り離された個別の死なのではなく、他の生きている地域にも死が浸潤し蔓延していくような現象として、すなわち個別地域の死がじつは他の地域の死をも強く引き寄せている、という事実に思いを巡らす必要があるということだ。

いうまでもなく地域間ではモノ・ヒト・カネ・情報が動き回り、開放性・循環性・多様性が担保されているときにこそ、その地域は生き生きと輝いているだろう。地下茎の部分で地域間は相互につながりあい、この土台の上に固有の地域性という花が咲いている。つながりが分断され、孤立度を増せば増すほど、固有の地域性は輝きを失い、じつは内部では死が進行しているのではないか。生け花がやがて枯れてしまうように、つながりを断たれた地域はやがて死ぬ運命をたどるしかない。

しかし私たちは、この地域間関係に対して十分な認識と理解をもちえてこなかったように思う。従来からよくある個別の地域史ではなく、もう少し広域的な地域間関係史の視角が必要ではないか。ここでは愛知県東三河地域を素材にして、都市と山村の関係史という、高度経済成長をはさんでドラスティックな変貌を遂げた現象の実態を点描してみたい。

3　愛知県東三河の都市・山村関係史

(1) 戦前期の人口流動

まず前提として、戦前期日本の地方から都市へという人口流動を確認しておこう。立身出世をめざす都会への「遊学」はすでに明治半ばにはみられ、離村現象は日露戦後に明確になっていく。農業関係者らは由々しき問題として懸念を表明していた。山崎延吉が「教育熱」との連動で「都会熱」に警鐘を鳴らしていたことはすでにふれたが、新渡戸稲造（１８６２〜１９３３）も『農業本論』の中で人口流出にふれている。

新渡戸は農村より都会へと人口流出が進む欧州の動向を説明し、明治期日本の人口移動についても紙幅を割いている。１８８７年から１９０３年の16年間で「都会人口（1万人以上）」は約４４５万人増加したのに対し（人口割合は12・５％から20・０％へ）、「田舎人口（1万人未満）」は約３３２万人の増加にとどまっている（人口割合は87・５％から80・０％へ）。人口割合からいえば田舎人口の減少傾向は明らかだ。新渡戸はその原因として交通、経済、産業、政治思想、風俗等々を示しているが、そのひとつに「教育の普及」をあげていた。

1920年以降の人口動態については序章でふれたので、ここでは重複を避けよう。問題はその理由である。地理学者、社会学者、経済学者らが言及している。例えば昭和初期、社会学者の井森陸平（1903〜82）は農村から都会への人口流出の「大原因」として経済的動向を3つあげ、さらに「小原因」として、高賃金、高等教育、娯楽、消費生活、教育制度の矛盾、社会心理的原因の6つをあげていた（『農村社会学』）。戦時期に入ると、農業経済学者・野尻重雄（1897〜1967）が主として経済的要因から職業の変更をともなう農民離村の重厚な研究を発表するが（『農民離村の実証的研究』）、野尻も農民離村者の教育程度の高さを実証していた。

このように、向都離村という現象の主体的な要因として、教育制度の影響がきわめて大きいことが指摘されていたのである。前出・井森の指摘に耳を傾けよう（『農村社会学』45〜46頁）。

> 現代の農村教育は知育本位にして且都会本位の教材が与へられ来つたので個人を農村生活に適応せしむるを得なかった。加之従来の教育は国家主義と個人の立身出世主義を鼓吹したゝめに多くの人々の心に愚かなる野心と不合理なる不満とを生ぜしむるに至つた。斯くして農村子弟の教育は彼等をして農村を離れしむる原因となった。

だからこそ、学校教育とは別系統の塾風教育が勃興し、地元＝郷土への視点として地域教育への注目が高まっていくのである。それらの動向は第2章で詳しく述べたいと思うが、戦前期に見られた農村から都市への人口流出が本格的に始まるのは、戦後復興期を経て、1955年頃から始動する高度経済成長期においてだった。

(2) 東三河地域における高度経済成長期の人口流動
―山村から都市へ―

高度経済成長期、地方から三大都市圏へという流出と、一地域圏内での農村から都会への流出という人口移動が同時に生じていた。いわば二重の人口移動が引き起こされたのだが、ここでは何が起こったのかを読者にリアルに実感してもらうために、愛知県東三河地域（愛知県東部）の過去半世紀の動向を簡潔に追跡してみよう。都市・農村関係をもっともドラスティックにあらわしている都市・山村関係の実態が確認できるだろう。

東三河地域は、平成の合併前までは一級河川・豊川《とよがわ》流域の19市町村であった（図1－1－1）。豊橋、豊川《とよかわ》、新城、蒲郡《がまごおり》の4市に加え、北設楽《したら》郡、南設楽郡、渥美郡、宝飯《ほい》郡の15町村が存在した。2003年に北設楽郡の稲武町が関係の深い東加茂郡に編入され（さらに2005年豊田市に編入合併）、2005年には新城市と南設楽郡（鳳来町、作手村）が合併し新・新城市が誕生している。現在、過疎指定を受けているのは、北設楽郡と新城市である（ただし新城市は合併による「みなし過疎」）。いま奥三河の旧北設楽郡6町村（設楽町、東栄町、豊根村、富山村、津具村、稲武町。以下「北設」と

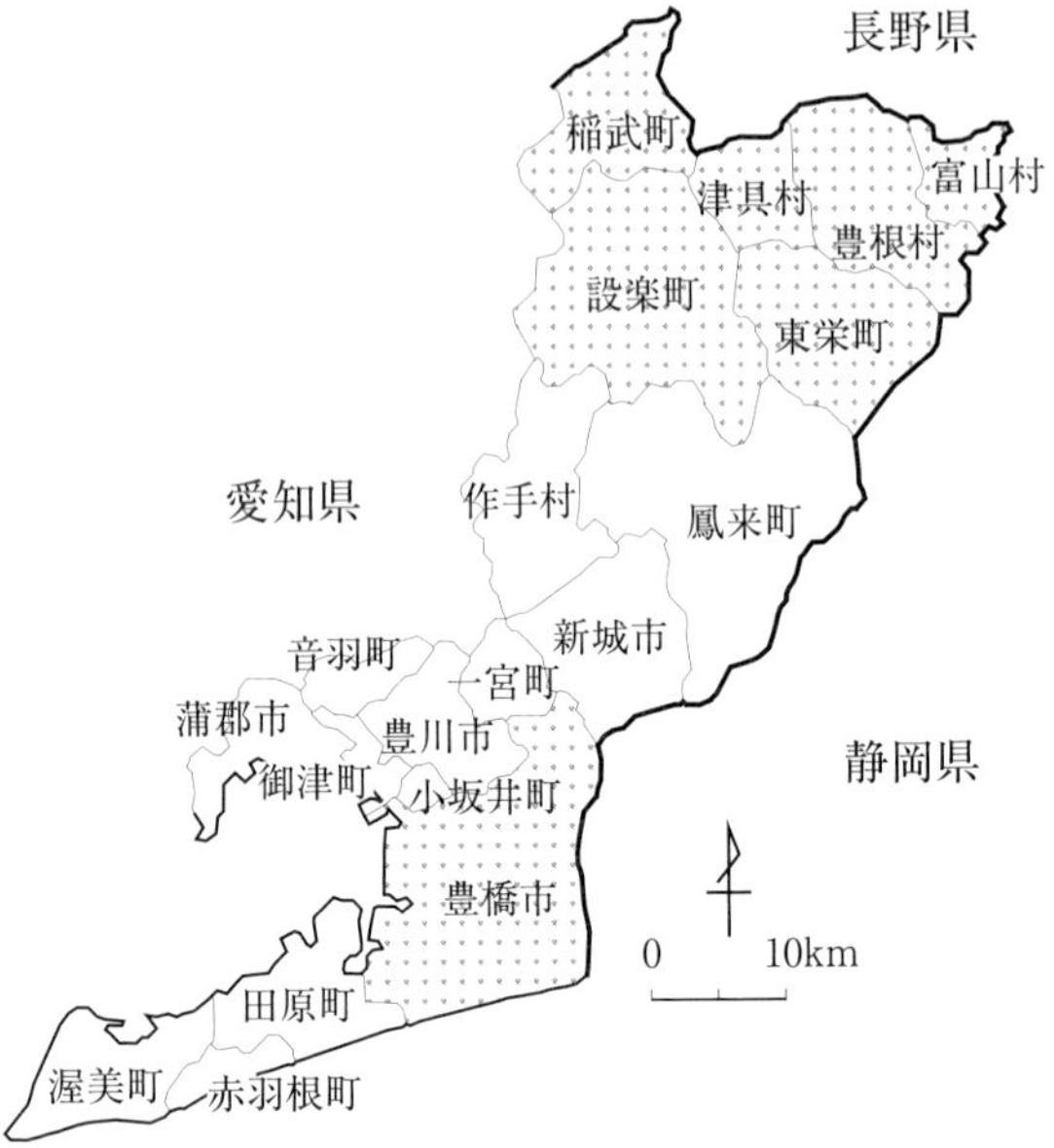

図1-1-1　東三河の旧19市町村

資料：愛知大学三遠南信地域連携センター。

略記）と平野部の中心都市・豊橋市の人口動態を調べてみよう（いずれも図1－1－1では点描した）。

戦後50年間の人口動態は、東三河の中でも偏在をもたらした。実数でみると、豊橋が1950年18万5984人から2000年36万4856人に、北設が4万2004人から1万8070人へと変動した。指数であらわすと顕著である。図1－1－2に示したように、山間部と平野部とでは鋏状の開きが生じている。豊橋が100から196にほぼ倍増したのに対し、北設では100から43へと半分以下に減少した。もちろん流出人口のすべてが豊橋へ移住したわけではないが、名古屋、浜松などとならんで豊橋への移住は少なくない。この中山間地域の人口減の中身をより詳しくみておこう。最大の問題は若年労働力の流出である。

人口流出は１９６０年代が著しいので、１９５０年から70年までの20年間で豊橋と北設の年齢別人口構成がどう変化したのかを図示してみたい。

図１－１－３がそれである。この15歳階級別の人口ピラミッドから、北設では急速に高齢化が進行していることがわかるが（60歳以上人口比率9.5％から17・９％へ）、ここでは子ども（15歳未満）と若年層（15～29歳）の推移をみておこう。子ども人口割合は１９５０年豊橋35・９％、北設39・１％、60年豊橋29・４％、北設35・４％、70年豊橋24・５％、北設24・０％であり、北設は20年間で15・１ポイント減少しているが、豊橋も11・４ポイント減少しており、両者の差はさほど大きくない。他方、若年層割合は、１９５０年豊橋27・０％、北設23・８％、60年豊橋29・０％、北設19・０％、70年豊橋29・０％、北設15・７％と、豊橋が微増であるのに対し、北設は8.1ポイント減少しているのである。すなわち若年労働力が大量に流出し、その結果子どもの出生数が時差をともなって減少し、社会減に加え自然減という現象を引き起こしたと考えられる。

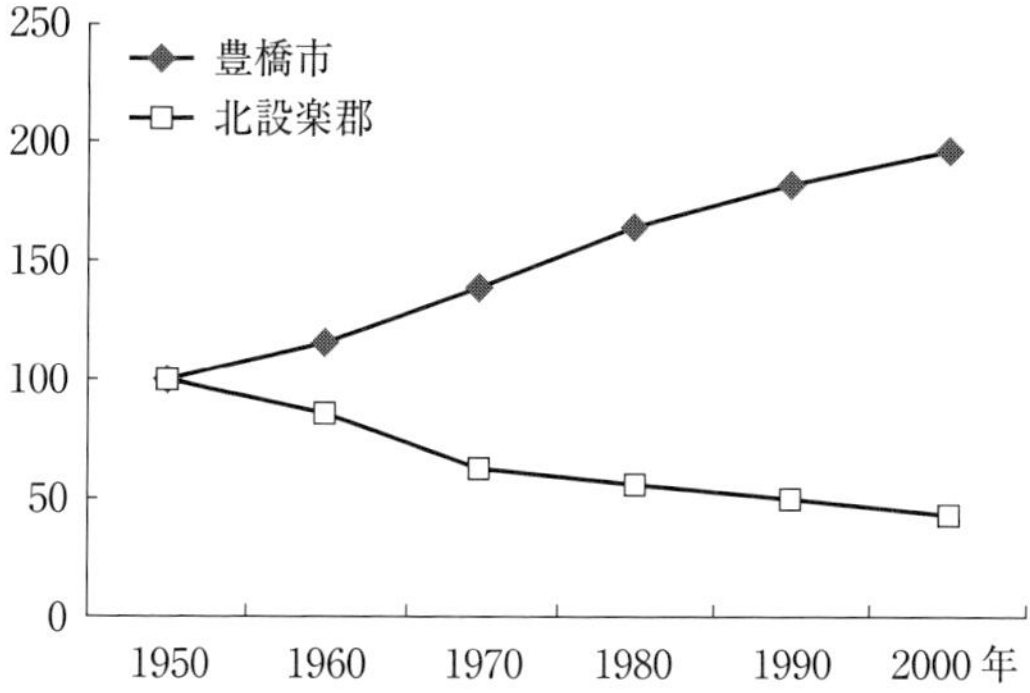

図1–1–2　豊橋市と旧北設楽郡の人口動態

資料：『国勢調査報告』各年版。
注：1950年人口を100とした指数。

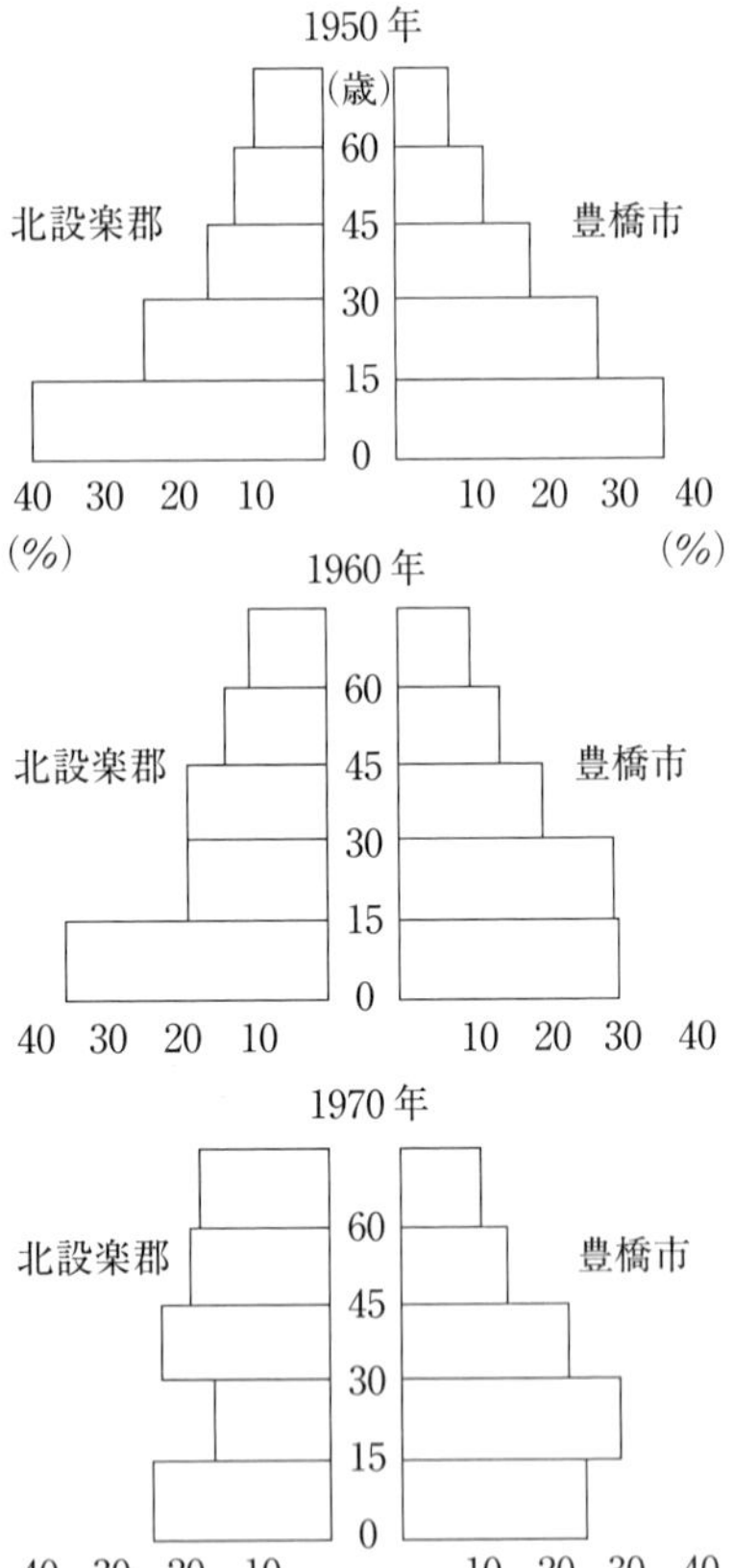

図1−1−3　北設楽郡と豊橋市の人口ピラミッド（15歳階級別）の推移

資料：『国勢調査報告』各年版。

当然、子どもと若年層の減少は地域から活力を奪う。しかもそれに加えて、山村開発として大規模な多目的ダムが全国の山間部で建設された。この地域でも１９５６年に当時国内最大級の佐久間ダムが建設されたのであった。

(3) 山村の疲弊—ダム建設の影響—

佐久間ダムは、国土総合開発法（１９５０年）を根拠とする天竜・東三河特定地域総合開発の主要な事業として建設された。アメリカのＴＶＡ（テネシー渓谷開発公社）事業をモデルとして計画・実施された本事業は、当時近代化・民主化の典型として小学校の教科書にも登場した。

佐久間ダム建設は、高度経済成長を牽引した企業群へのエネルギー供給を可能にしたのであり、半世紀以上経た今日の視点からみれば、地元には持続的な発展をもたらさなかったということができる。もっとも甚大な影響を受けたのは愛知県富山村である。７集落のうち３集落がほぼ完全に水没し、その結果全１８６世帯の55・４％にあたる１０３世帯が移転を余儀なくされた。世帯ばかりではなく、宅地・農耕地など全耕地の50％が壊滅した（林野庁『山地地域整備計画調査報告書―天竜地域―』）。富山村は本土で最小人口の村として有名であったが、その発端がここにある。２００５年に、隣接する豊根村と「日本一小さな合併」をした。

もうひとつの事例を紹介しておこう。天竜川水系の大入《おおにゅう》川に１９７４年新豊根ダムが建設された。この結果、豊根村古真立《こまだて》地区の八十数世帯が集団移転を余儀なくされ（１９７０年）、同年小学校が廃校となった。もちろん補償に合意してではあるが、離村した人びとの心中はどうだったのか。１９７４年３月に建てられた「水没記念碑」（写真）にはこうある。

水は今ゆたかにみなぎる／曽川、田鹿の里／八十数戸の苦難の歴史と／限りない愛惜が英知と勇気／をもって昇華されていった／跡を湖底に秘めて

この短い「愛惜」の詩が場所の記憶をわずかながらにとどめている。日本全国に約３０００もある

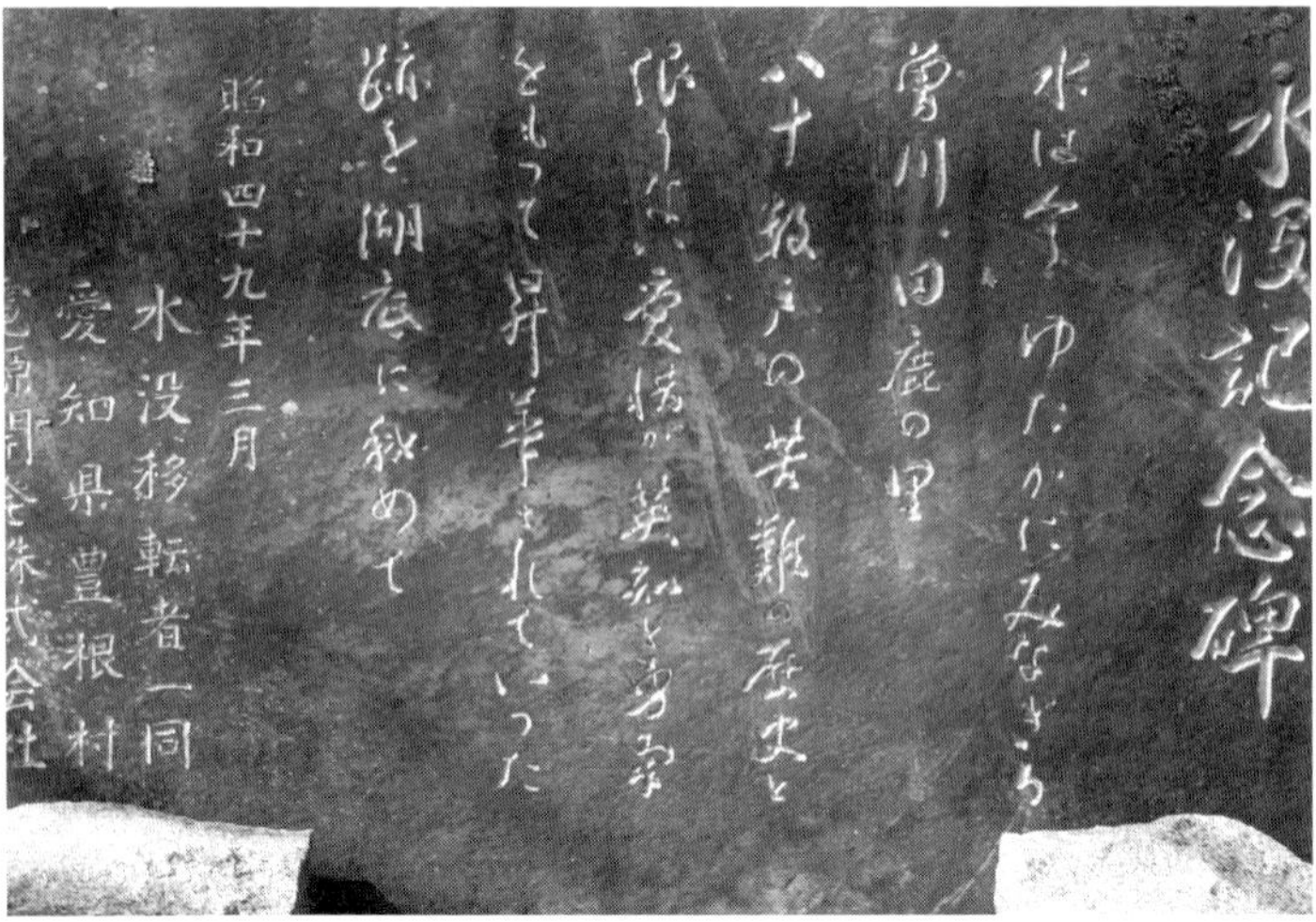

新豊根ダムにかかわる水没記念碑

ダムの恩恵を受けている平野部都市住民は、しかしこの水没住民たちの「苦難の歴史」に思いを寄せることなく、豊かさを一方的に享受していないだろうか。

また1968年、山間部と平野部の格差が拡大していく象徴的な出来事がこの地域で起こる。豊川用水の開通だ。豊川用水によって平野部、とりわけ渥美半島は潤った（水使用料の7割が農業用水）。恒常的な水不足に苦しんでいた渥美半島農業は、その後農業構造を変え全国一の農業地帯へと成長していく（2006年田原市〔旧田原町・赤羽根町・渥美町〕の農業産出額は724億円で全国第1位。ちなみに474億円の豊橋市は第6位。渥美半島は全国一の農業算出額を誇っている）。

しかしその一方で、同じ1968年には奥三河を走る田口線が廃線となった。1932年に開通

崩れ落ちたまま放置されている旧田口線三河田口駅舎（2009年）

した田口線（当時は田口鉄道）は本長篠（新城市）～三河田口（設楽町）を結び（22・６km）、山間部の木材や鉱石、通学・通勤客など、モノとヒトの移動を保証し地域発展に貢献したが、高度経済成長期の人口流出によってバス路線化と引き換えに廃線となったのだった。ここに掲げた写真は、朽ちかけたまま放置されている旧三河田口駅の駅舎である。ちなみにこの場所は現在、設楽ダムの建設予定地となっている。

（4）子どもの目からみた山村

こうして変貌していく１９６０～70年代、山村の子どもたちは地元をどうみていたのだろうか。１９６１年度より毎年、三河地域の小中学生の文集が残されている（三河教育研究会国語部編『みかわの子』）。それをみると、教師の指導というバイアスはあるものの、子どもたちの意識のありようとその変容がわかる。北設の子どもたちを中心に確認してみよう。

第1号（1961年度版）に「1971年」と題する詩が掲載されている（北設、中2男子）。10年後の夢を語った詩である。短いので全文を掲載しよう。

　ぼくは夜間学校の／教師になる／社会専門の先生として／社会のきらいな子や／できない子たちに／解かるように教えてやる。／夜間学校へ通っている子たちは、／あまり金持の子ではないので／貯金をさせ／お金がたまったら実際に外国へ／見学に行って来る。／地中海の気候／シベリアのツンドラ／エジプトのピラミッド／よく調べてきて、／一人一人りっぱな論文をかかせ／ぼくの開いた／夜間学校の名を世に出す。／そうして、ぼくはアメリカへ／移住する。

地元を愛しているがゆえに地元の「夜間学校の教師にな」って地元に貢献したい、そういう夢を述べているのだろうと思って読み進めると、最後にどんでん返しが待っている。「そうして、ぼくはアメリカへ移住する」と。まだ海外渡航が不自由だった時代、大きな希望をもって語られるその夢は野心的であると同時に、平野部の都会を越えてはるかアメリカにまで心が飛んでいる状況があったことに気づかされる。もちろんそれは山村だけではなかっただろう。

むしろ作文には、地元を賞賛する声が多く載せられている。第5号（1965年度版）には「津具スケート場」（小5女子）という作文があり、多くのお客さんで賑わう津具村のスケート場を誇りに思うと書き、こう結んでいる。「わたしたちは、こんなよい村に生まれてしあわせだと思います」。あるいは設楽町の「参候祭《さんぞろ》」に関する作文では（第5号、小6男子）、大好きな地元の祭りが喜びをもって語られる。この作文には参候祭の取材に来た新聞記者とのやりとりも紹介されているが、新聞記者はこの男子児童の祭りの知識に驚きつつ、こう言ったと書かれている。「勉強の方もしっかりやって、りっぱな成績を上げなさいね」と。皮肉なことに「りっぱな成績を上げ」れば、高等教育を求めて地元を離れざるをえなくなる現実が存在していたのである。

「栗拾い」とか「材木」とか、１９６０年代は山村の豊かさが作文や詩に取り上げられるのだが、１９７０年代になるとこんな作文が登場する。北設よりだいぶ平野部に近い新城市・山間部のある集落の盆踊りについて書かれたものだ（「寂しい盆踊り」（中三男子）、第14号、１９７４年度版）。地元の盆踊りに活気がなくなっていることを「寂しい」と感じ、その理由をこう推察している。「これは、単なる祭り好きが少ないという問題だけでなく、この部落の人々になにかが欠けているのではないかと思えたのであった。活発でない近所付き合い、あとを絶たないうわさ話。それによるいざこざ。こんなものが渦をまいて、この村を取り囲んでいるのではないだろうかと」。

すでにみた過疎化の進行が、村の仕組みや住民の心までも変えていくような現実がみられていたのであろう。三河地域では、むしろ都市化は工業化とともに平野部で著しく進行するのだが、具体的な人口減を目の当たりにしている山間部の危機意識のほうが激しかったはずである。一般的な学校教育（成績重視の地元を捨てさせる教育）とならんで、他方では郷土を愛する独自の教育が進められていく。序章で紹介した豊根村の中学校全寮制（1976年）もそのひとつであるが、東栄町でも同じく1970年代後半から、地元を知り地元を愛する教育が学習プログラムの中に取り入れられることになった（天地人教育）。

これらは人口流出・過疎化をもたらす都会熱への対抗教育である。しかし天地人教育（東栄にある「資源」として「天」＝天文科学センター〔天文台〕、「地」＝自然科学センター〔地質〕、「人」＝総合文化センター〔花祭〕の有効活用を通した学校教育と社会教育の融合）では、たんに故郷・東栄の良いところだけを子どもたちに教えるのではなく、過疎化・高齢化が進む厳しい現状をもあわせて子どもたちに教えることを課題としていた。また豊根の中学校全寮制は下村湖人の『次郎物語』に共鳴した村長の肝いりで導入された制度であり、教師と生徒の全人的な教育を通して自信を喪失している子どもたちの「教育的過疎」を克服することを狙いとするものだった（豊根在住・黍嶋久好氏の教示による）。

いずれにしても、山村側は過疎化の進展に対し、積極的な対抗教育によって事態の打開をはかろうとしていたのである。こうした実践は高く評価されるべきであるが、それを現代においてより有効に活かすために、さらに私たちは過疎化のもたらした心理面での現実を追究してみたい。そのためには、山村内部の生活をみているだけではわからない。つねに都市部との関係において歴史をひもとき、現状を理解することが必要だ。こうして、都市・農村関係史という視角からこの国で生じた現象を確認していくと、たんなる都市・農村対立論とは異なる別の関係がみえてくる。それは「共依存」

という都市・農村関係である。

4　共依存から相互依存の地域関係へ

（1）共依存関係という見方

「共依存（co-dependency）」とは、近年カウンセリング現場でよく用いられる専門用語である。とくにアルコール依存者とその家族の関係を説明する概念として使用され始めた。

例えば父親がアルコール依存症で母親や子どもに暴力をふるったり世話を要求したりするとき、かかわり続ける家族は「相手の世話をすることで自分の存在価値を確かめようとする」場合がある。[1] この両者のもたれあいの関係を共依存という。なぜこうなるのか。「相手の世話をすることで自分の存在価値を確かめようとする」人たちは、長いあいだ暴力・無視・罵倒などの虐待を受け続けた心の傷（トラウマ）によって、期待される役割を演じるようになってしまうからだという。

現在、都市・農村関係もそうなっていないだろうか。明治後期以降の１００年以上にもわたる絶えざる都市の「収奪」の結果、農村は外側だけでなく内側も深く傷ついている。地元を捨てる多くの人びとが、都会に憧れ、地元の旧習を嫌悪しただけに、なおさら傷を深くし屈折したコンプレックスが蓄積されていった。そうした心性は、対外的には都会への反発（反都会意識）として表明され、内向きには自信喪失となって鬱屈する。まだ元気のあった頃は反都会主義の気炎を上げられたけれど、人口減と高齢化が顕著な現在、都市に視線を向け、都市から期待される役割を演ずることで自地域の存在価値を確認する。そんな心性に変質していないだろうか。

グリーンツーリズムも目線をつねに都会に向け、わがままな都市住民に振り回されるケースが少なくない。1990年代の初め、滋賀県の某山村で地域おこしの調査をしたときのことだ。農村レストランのメニューを決めるさい、都会の家族づれを対象に、「カレーライス」「ラーメン」などをメインに据えて失敗したという話を聞いた。やがて「栃餅」を売りにしていくのだが、過疎化によって自信を喪失した農村住民は、どうしても都会の目線から自分たちを捉え直し、都会の要求に合わせる傾向が強い。地域ブランド化を進める特産品づくり戦略も、大消費地の好みを対象とせざるをえない。

近年では、移住施策にもそうした傾向がみられる。ある山村の話だ。自地域を都会住民に売り出すために、山村PRのためのDVDを制作し、空き家情報を整備し、また実際に空き家を修築した。都会住民に移住してもらうために多大の努力をしたのだが、モニターとなった都会住民は、あれこれ文句を言い、じつは二股・三股をかけて他地域と比較をしていたのである。

いま地域現場でも、ホスピタリティ（もてなしの心）やCS（顧客満足）が求められるようになっている。ただそれが心から相手を敬う結果の行動ではなく、自らの弱い立場を反映して、相手に気に入られるための努力＝強要となっているところに最大の問題があるだろう。

もっと農村も地方も自信をもつべきだ。かつて岡本利吉という社会運動家は、農民は食料という生命の源を握っているのだから、１～２か月頑張って農産物販売の主導権を握るならば、農産物相場を農民主導で動かせる、そうすれば農民にとっての理想社会が実現できると檄を飛ばした。もちろん実際には農民の団結すらできなかったのだが、理屈としてはいまでも通用すると私には思える。

まず自信をもつこと。「あるもの探し」はそのための行動である。だがもう一歩進めたい。何かがあるから自信をもつのではない。何もなくても、人がそこに住んでいるという事実自体に価値があるはずだ。

(2) 自立とは相互依存

都会との関係を断つことは正しい選択肢ではない。歪んだ関係を正すことが肝要だ。いま一度共依存関係に戻って考えてみれば、「回復」の手立てとして一番重要なことは、相手の要求に同調するのではなく、ときにはＮＯときっぱり断り、目を自分に向けて自分のしたいこと・できること・しなければならないことをすることだ。それが自分自身（農村・地方）の誇りの回復につながるだけでなく、相手（都会）の回復にもつながることを自覚するべきである。おそらく、正しい関係を回復させるためには、いままで抑圧してきた否定的な感情を解き放ち、当然報われるべき正当な対価を相手に求めることも必要だろう。

自分を大切にし、かつ相手にも敬意を払った関係、相手があるべき姿に立ち戻るための支え合いの関係を、〈共依存〉とは区別して、〈相互依存（inter-dependence）〉と呼んでおこう。近年誤用されている感のある自立とは本来、なんでも自分だけで完結することではない。自分と相手を尊重し、互いの責務を果たしあいながら、互いに正当な報酬を受け取るような相互依存の関係だ。

現在多くの地域は自信をなくし、ひきこもっている。ひきこもりは、ある種の自己防衛ではあるけれど、「それでいいんだよ」とは全面肯定できない。本人が抜け出したいと願っているのに、現状を全面肯定することは、苦しむ本人の存在否定につながる。同じように、ひきこもっている多くの地域を「そのままでいい。何もしなくていい」と全面肯定するのも無責任である。もちろん「頑張れ、頑張れ」と尻を叩き、資源のブランド化をめざして市場競争に参入していくことも、全面的によしとはできない。地域の持続が市場競争に依存する構造自体を変えなくてはならない。

ではどうすればいいのか。まず地域の存在価値を自覚すること（地域の存在論の確立）から始めることだ。何か可能性をもつ資源があるから自地域に価値があるのではない。すでに人が暮らしているという事実こそがまわりの地域を生かしていることを自覚することである。というのも、人の暮らし自体が周囲（自然や社会）との豊かな関係を育んできたこと、そしてこの関係のネットワークの中にあることで、初めて私たちは人間としての尊厳と豊かさをもって生きることができるからだ。この事実にこそ地域の存在価値・存在意義を認めることができるだろう。あるもの探しはその後に始まる。繰り返すけれど、資源のブランド化による市場参入も否定しない。否定はしないけれど、それができなくても地域が持続できるような仕組みを立ち上げることが重要だ。それは一定規模の、支え合いという権利と責務の交換（相互依存関係）に根ざした地域圏の確立ではないだろうか（その詳しい考察は第3章にまわしたい）。

（3）飯田の「地育力」プロジェクト
―土地に根ざした教育の役割―

そのためにはいったい何が必要なのか。広い意味での教育である。いま教育現場は変わりつつある。１９９８年12月に出された文部省告示第１７５号・１７６号によって小中学校学習指導要領が改訂され、「総合的な学習の時間」が導入された。実験的な試行期を経て２００２年度より本格的に実施されている。文部科学省のホームページでは「『生きる力』の育成を目指し、各学校が創意工夫を生かして、これまでの教科の枠を超えた学習」であると説明している。

「生きる力」とは、１９９５年の中央教育審議会（中教審）への諮問「21世紀を展望した我が国の教育の在り方について」を受けた中教審の第一次答申（１９９６年）に基づいている。同答申では「子供に［生きる力］と［ゆとり］を」と題し、「はじめに」で「今後における教育の在り方として、［ゆとり］の中で、子供たちに［生きる力］をはぐくんでいくことが基本である」とうたった。

しかしそこでうたわれる「生きる力」とは、課題発見解決能力・自学力・行動力・自律力・協調力・思いやりや感動できる心など、きわめて曖昧だ。そのため学校現場では、それぞれの学校のもつ教育力が試されることになった。またほぼ時を同じくして、地域学―地域に学ぶ試み―が全国各地で勃興し始めたが、学校現場と地域づくり現場とはなかなか融合しないのが現実である。

そんななか、長野県飯田市では、学校現場と地域づくり現場とを「教育」をキーワードに融合させようとする「地育力《ちいくりょく》」プロジェクトが始まった。飯田市教育委員会「地育力向上連携システム推進計画」によると、「地育力」とは「飯田を知ることで飯田を愛し、誇りに思う人材の育成を継続し、未来につながる地域づくりを住まう人全てが担う飯田の総合力」であるという。そして「家庭」「学校」「地域」が連携しながら、「地育力事業〔の〕展開」を企図している。ここに食農教育も関係し、「南信州セカンドスクール事業」として、2008年より文科省・農水省・総務省連携の「子ども農山漁村交流プロジェクト」が立ち上がった。

全国的にみても、きわめて貴重な先駆的事例であろう。学校と地域との連携融合こそ現代の重要課題だと思われるのだが、しかし「地育力」プロジェクトは突然湧いてきたわけではない。じつは、先の教育委員会資料にもふれられているが、飯田・下伊那（南信）の履歴をひもとけば、大正期の下伊那自由大学運動や青年団活動など熱心な地域の教育運動の系譜があり、戦後も活発な公民館活動が展開されてきた地域なのである。そういう土壌を無視して現在の「地育力」プロジェクトを語るわけにはいかない。

ある飯田市職員は、このプロジェクトを「地元に戻るDNAをつくる教育」だと語った。そうかもしれない。地元を捨てさせる教育ではなく、地元に戻る（とどまる）教育である。そのためには、飯田市の事例からもわかるように、まずはこの国や各地域がもっていた豊かな教育の土壌や、土地に根ざした教育の思想をたどることが重要であろう。

それが次章の課題である。

注

（１）西尾和美「共依存症の特徴と回復」吉岡隆編『共依存―自己喪失の病』中央法規出版、２０００年、２３４頁。なおコリン・フェルサム＆ウインディ・ドライデン（北原歌子監訳）『カウンセリング辞典』（ブレーン出版、２０００年）によれば、「共依存」は次のように定義されている。「意識的にせよ無意識的にせよ、それぞれの人間が健康的でない形で、互いをサポートしたり励ましたりするパートナーシップをいう。共依存は、互いの互いに対する情緒的依存によって、複雑に入り組んだ共謀的症候群である〔後略〕」。

第2章　土地に根ざした教育の歴史に学ぶ

1　土地に根ざした教育運動

(1) 現実を相対化する

盲目の手引といふ事がある。現実に目を蔽はれた者は、やがて現実の濁流とともに断崖を転落する時があらう。吾々はもつと先の平野を用意しなくてはならない。／吾々は捉はれたる現実亡者となつてはならない。多くの現実主義者が現実をさへ生活し得ないで濁流に溺死するのを見る時、吾々は先づ岸に立つて大宇宙の自らを生活しなくてはならない。（石川三四郎）

時代が行き詰まり、社会不安が高まれば高まるほど、現実主義が幅を利かせるようになる。観念的、哲学的な思索は敬遠され、即効性のある現実主義的な処方箋、ノウハウが求められるものである。現代はまさにそういう時代かもしれない。

同じようなことは過去にもあった。1930年代、農村（地方）の疲弊が大きな社会問題と化し、具体的な対応が求められた。すでにテロは社会に登場していたが、統制主義で事態を切り抜けようとする思潮＝ファシズム的な言辞が、30年代も半ば近くなると次第に力をもち始める。１９２７年、東京郊外に帰農した石川三四郎は、その時代も抵抗者として生き続けたが、当時の多くの現実主義者を批判し、時流に棹さして現実主義的に生きることの危険性に警鐘を鳴らした。冒頭の文章がその一部である（「コスモスの市民」）。

土に根ざした地点から発せられた石川の指摘は、生活の根っこを失って焦りと不安に陥っている「現実主義者」に認識の転換を迫っている。「現実に目を覆はれた者は現実の濁流とともに断崖を転落する」、「多くの現実主義者が現実をさへ生活し得ないで濁流に溺死する」、こうした指摘は、真に現実に生きるとはどういうことなのかを私たちに教えてくれる。

現実に生きるためには、現実に流されるのではなく、現実に錨を下ろしつつ現実を相対化することが必要だ。そのためのひとつの方法が歴史に学ぶことである。歴史に学ぶことは決して現実逃避ではない。歴史は、現実の濁流に流されないで、しっかりと現実を見極め、現実を変えていくための方法を教えてくれる。石川自身、東洋文化史を研究することで日本と戦時という現実を相対化したのであった。

（2）歴史は繰り返す？

ところで歴史に学ぶとき、あたかも歴史は繰り返しているかのような錯覚を覚えることがある。じつはバブル経済はこれまで何度も繰り返されてきたし、2008年秋のリーマンショックを引き金とする世界金融危機は、かつての世界恐慌を思い起こさせた。近代日本の歴史をひもとくと、類似点がいくつも浮かび上がる。

長山靖生氏が五・一五事件に引き寄せて、大正期から昭和初期という時代の閉塞状況と打開手段としてのテロという構図が、現代社会と類似していることを述べている（『テロとユートピア―五・一五事件と橘孝三郎―』新潮選書）。第一次世界大戦景気の終焉（1920年）から関東大震災（1923年）、社会制度改革、アメリカ発の世界恐慌（1929年）を経て五・一五事件（1932年）へと至るプロセスと、バブル経済の崩壊（1991年）から阪神淡路大震災（1995年）、社会制度改革、アメリカ発の世界金融危機（2008年）へと続く現代の状況との類似である。9・11（2001年）のように、テロはすでに現代社会のひとつの闇になっている。

こういう不安の時代には、必ずといっていいほど、現実主義のもう一方で精神的なものへの回帰がみられる。教育刷新もそのひとつであろう。2006年には教育基本法が改定され、「我が国と郷土を愛する態度を養う」ことを国民に要請している。愛国心、愛郷心の教育は戦前の全体主義を思い起こさせるかもしれない。しかし教育刷新の動きは民間運動の歴史を無視できない。それは、明治後期の学校教育批判に端を発する新教育運動から、大正自由教育運動、農村教育運動、郷土教育運動、デンマーク型教育運動などにあらわれている。これら教育運動には、一部を除き通奏低音ともいうべき土台があった。それは〈土地に根ざした教育〉という特徴である。時代的には大正期から昭和初期の運動だ。

（3）土地に根ざした教育運動

これらの運動に関しては、すでに優れた運動史的な実証研究があるので、[1] ここでは丹念に歴史的事実を跡づける意図はない。しかも教育制度史の土俵ではなく、地域再生にかかわる地域論、教育論（人材育成論）という視角から考えてみたい。また現代的意義に焦点を当てるため、歴史的に表明された概念を現代的文脈において翻訳・意訳することを心がける。可能な限り、現代に生き現代の問題と向き合う私たちの言葉をもって、以下の叙述を進めていきたいと思う。

それでも同時代の運動と人物の相関関係をある程度はふまえねばなるまい。非常に簡略化したものを図1－2－1で示した。私は大きく三つのブロックを考えている。第一に自律と連帯の地域社会構想を提示した「土の教育運動」、第二にいま・ここを掘り下げる地域学の源流としての「郷土教育運動」、第三に地域を育てる人材育成を実践した「デンマーク型教育運動」、以上の三潮流を考察する。いずれもバラバラに存在したのではなく、相互に関係をもちながら活動が継続された。また多くの人

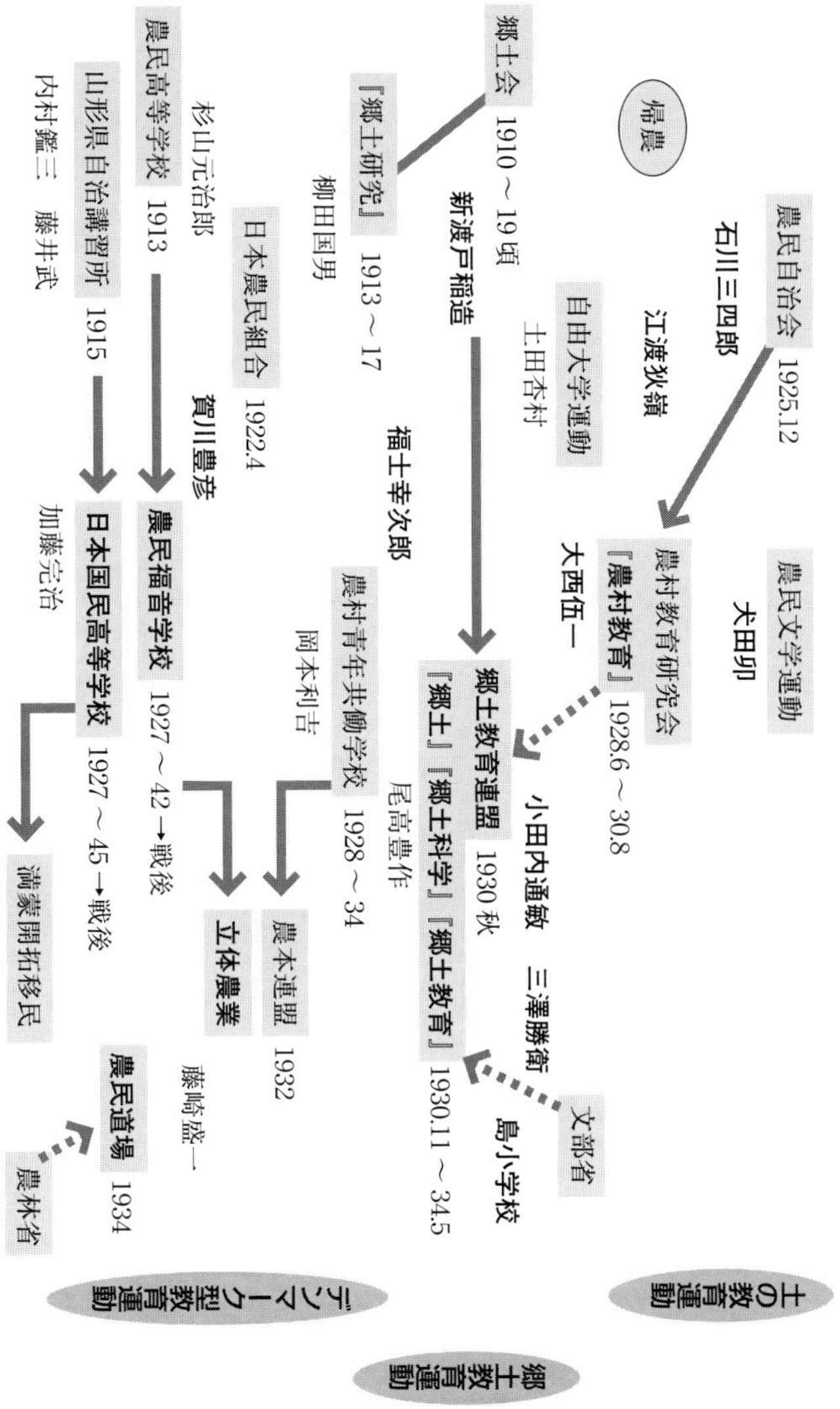

図1-2-1　土地に根ざした教育運動の相関図（1910～30年代）

注：本文で詳しく言及する人物や事柄は太字とした。

びとが関与してひとつの潮流を形成したという意味で、あえて「運動」と称することにする。

（4）大正・昭和初期という時代

大正・昭和初期、西暦に直せば1910～30年代前半という時代はどんな時代だったのか。地域教育運動という視角から同時代をのぞいてみると、いくつかのキーワードが浮かび上がる。

まず1910年代、帰農が流行する。詳しくは第2節でふれるが、トルストイの影響を受けた知識人たちが帰農というライフスタイルを断行する。帰農に対応するのは「個人」「生活」である。共同体志向がないわけではない。武者小路実篤の帰農（「新しき村」）は仲間とともにつくる一種のコミューン運動だったといえるが、個人の生活をベースにしたゆるやかなつながりとしての共同体だった。より普遍的な理念が重視されると同時に、田園憧憬的な土への帰還が流行したのである。この時代、地域という視角は希薄だった。

つぎに1920年代、地域運動が登場する。農民（組合）運動は明らかに農村地域に拠点を置いた地域運動だった（日本農民組合〔日農〕1922年、農民自治会〔農自〕1925年）。日農も農自も農民・農村の現状を社会構造の問題からとらえ、その解放を主張し実践活動を行なったのであった。やがてマルクス主義的な地主・小作闘争へと焦点がシフトしていくけれど、初期のころ農村は象徴的には「土」ともいいかえられ、新たな地域社会の展望が示された。思想的にはアナーキズム的な傾向が強く打ち出されている。1910年代が土への帰還だとしたら、1920年代は土からの創造だ。一方では政治運動が次第に活発化するが、土地に根ざした運動は教化に力を入れた広義の教育運動を展開した。ただ1910年代の普遍理念の追求は継承され、自由大学運動のように教養（リベラル・アーツ）的な志向もみられている。

そして1930年代、この時代は地域課題への対応が前面に出る。教育では郷土が対象化され、官民挙げての一大運動が展開された。また思想的には社会主義、農本主義、全体主義（ファシズム）など左から右まで百花繚乱の感を呈するが、いずれも地域課題への対応という面からみれば共通し、とりわけ実践＝地域変革が重視された。一方では自力更生運動や国体明徴運動など精神面が強調されつつ、他方ではテロが有力な変革の実践手段として流行する（1932年五・一五事件、1936年二・二六事件）のもこの時代である。

もちろんこうした流れはきれいに移行するわけではなく、重層的に重なりながらも、重点が徐々に移動していく。そのなかで地域教育運動の中身も変容した。

（5）地域再生という視角

第2章で私が意図するところは、この開かれた歴史的な遺産を読み込む作業を通して、現代の地域再生にどう活かすことができるのかという点にある。誤解しないでいただきたいのは、「活かす」の中身は相対化も含んでいるということだ。活かすことばかりを強調して、「現実の濁流」に押し流されては元も子もない。現代の流行も、過去に学ぶことで、批判する必要があるかもしれない。この可能性を排除するつもりはない[2]。

地域への視角が希薄な1910年代の思想・理念も、やがて向き合わねばならない問題に直面する。農村（地方）の疲弊である。疲弊とは大きくふたつ、経済の貧困と生活の貧困の二重の貧困であった。この二重の貧困は不況のなか格差社会が叫ばれている今日でも共有できる問題だ。ただ今日と決定的に異なるのは、その社会経済的構造である。大正から昭和初期という時代が、経済構造的には工業国へと発展していたにもかかわらず、社会構造的には圧倒的に農業国だったというねじれに特徴がある。産業別就業人口は1930年でも半数が第一次産業に従事していたのだ。だから農を語ることは今日以上に身近な問題だったのであり、また農村の再生とはイコール地方の再生を意味していたのである。

最後に、以下の各節で検討したい課題を三つあげておこう。それぞれの地域教育運動における「なぜ」「どのように」「どこに」を明らかにすることだ。「なぜ」というのは、農村（地方）疲弊という喫緊の課題を目の前にして、なぜ教育・感化という個人の意識・人格陶冶にかかわる迂遠な方法を選び取ったのか。「どのように」というのは、文部省管轄の学校批判も含む幅広い教育方法のうち、何をもってどのような教育を行なおうとしたのか。そして「どこに」とは、各運動のめざした方向性、あるいは構想した理想的な地域社会像を明らかにすることである。以上の三点の問題意識をもって、現代の地域再生に活かす（現代の地域再生を相対化する）ための過去との対話を行なっていこう。

2　土の教育運動
―自律と連帯を求めて―

(1) 帰農ブームとトルストイズム―「土」に生きる人びと―

田舎暮らしも含む帰農への憧れは、必ずしも現代特有の、あるいは特殊日本的な現象ではない。洋の東西を問わず、近代工業が自然を駆逐し始めて以来ずっと存在し続けている。近現代日本をふりかえるとき、1910～20年代に最初の帰農ブームがあった。なんといってもトルストイの影響が大きかったのだが、当時トルストイは小説家としてよりも、思想家として受容されている。トルストイの思想はトルストイズムと称され、世界でも類をみないトルストイ研究の月刊誌『トルストイ研究』さえ刊行されたほどだった（1916～19年）。

トルストイ自身農奴解放をめざし自ら土に親しんでいたことが大きかったのだろう。そして田園主義的な教育思潮の紹介（例えばドイツの田園教育舎〔1898年〕に倣った「日本済美学校（田園教育舎）」の設立〔1907年〕）などと相まって、トルストイズムの労働主義が「土」との交わりへと向かい、「土」とともに生きることに価値を見いだす態度を育んだのである。

しかしながら、ここで対象とされた「土」とは、たんなる田園回帰的な消極的な憧憬にとどまらず、より積極的な社会構想の要として想定される場合もあった。例えば『橋のない川』で有名な住井すゑの夫で作家の犬田卯《しげる》（1891〜1957）は、『土の芸術と土の生活』（1929年）の中でこう書いている。自分の提唱した「土の芸術」は「土からの運動」であって「土への運動」ではない。「私はあらゆる現在の郷土生活、農民生活にすつかり絶望してゐる。郷土は伝統精神の悪血の中に埋もれて、日一日と悪化して行つてゐる。土に生きるには、その伝統精神を破壊して、本当に土から生れたまゝの正しい精神に立脚して突進しなければならない」。だから『『土の芸術』は農村の、農人の内からの革命を主要目的とする」と、現実の農村・農民を鋭く批判している。犬田は茨城県牛久の貧農出身で、農村や農民の現実を肌でよく知っていた。だからこそ言えた言葉であったのだろう。

したがって、「土」とはむしろ、現実農村・農民の批判（否定）の上に設定された都会への対抗社会概念だったのであり、「土」の教育運動に関与した多くの人たち（帰農者たち）に共通する認識だったといえる。「土」が「地」や「自然」という言葉に置き換わっても大意は変わらない。

(2) 新しい地域社会構想としての自治社会の意味（1）
―自律とは―

この都会への対抗社会とはいかなる社会であったのか。彼らの当時の言葉をそのまま使えば、〈搾取なき自治社会〉である。ただその具体像は、土の教育運動に関与した人びとが深くかかわった農民自治会（1925年）の標語をみても、「自治」「協同扶助」「友愛」「農村文化」という言葉が躍るのみで判然としない。

ここでは、この〈搾取なき自治社会〉を、自律と連帯という概念からひもといてみよう。まずは自律からである。

土の教育運動は、一種の生活革命を強調する。例えば前出の石川三四郎（１８７６～１９５６）は自らの実践を「土民生活」と呼んだ。真のデモクラシーを意味している。「土民」とは土に根ざした人、すなわち土着民を指し、右手に鍬、左手に算盤をもつような農民は「土民」ではないとした。まず自分の生活を革《あらた》めることが肝要だ。石川はアナーキストとして生涯を貫いたが、主義に生きるのではなく、思想を生活の内に具現化することを自らに課したのである。この意味で「生活即教育の真生活」を理想と考えた。自らを律することができなければ、「生活即教育の真生活」には至らない。

ただし自らを律するという自律は、「これをするな、あれをしろ」というような律法主義とはまた異なるものだ。石川は「自由とは吾々の自意的行動（精神的行動をも含む）が〔自然の〕必然律とぴったり一致した場合をいふのである」（『我等の自由と連帯責任』）と述べているが、この言葉の意味するところは、自然の必然律に自由意志で従うとき、拘束のようにみえてもそこに私たちの自由が存在する、ということだ。石川同様、農民自治会運動に関与した帰農哲学者・江渡狄嶺《えとてきれい》（１８８０～１９４４）も同様のことを述べている。「場に立った時、当為であり、必然であり、自由である」（『百姓はかく考える〈第二年分〉』）と。

（3）自律＝必然＝自由の世界

自律＝必然＝自由という一見不思議な図式がここで語られている。狄嶺の「場」については第5節で言及するが、この図式は同時代の仏教学者・鈴木大拙（1870〜1966）の「松は竹にならず、竹は松にならずに、各自にその位に住すること、これを松や竹の自由」（『（新編）東洋的な見方』岩波書店、67頁）だとする認識にも似ているようにみえる。大拙は、自由の本質を、各々があるべきところにおさまっているときに自由がある、しかもこのあるべきところは、外からみれば必然なのであるが、そのおさまる当の物（松や竹）からみれば自主的にそうなるのであって自律なのである。だから「自律」とは、おのずからそうなるという必然性の意味と、みずからそうするという自由意志を表わす二重の意味が重なった概念だといえる。一見拘束のようにみえる必然律に自由意志で従うときに自由が生まれる、という図式の意味は、物事の必然律を見極めて、その必然律（あるべきところ、物事のおさまりどころ）に、自らを合わせていくことだと理解すればわかりやすいだろう。

さらにこうした自律概念は、個人個人の生活の中だけでなく、地域社会にも適用できる。土の教育運動にみられた「労働者も農民を搾取する」というようなあまりにも激しすぎる反都会主義の言説でさえ、農村が自ら律する自由を奪われていること（搾取）への憤りの表現だったと考えられる。農村の自律が侵されているからこそ、農村から自由が消失し、経済だけでなく、その精神性までも骨抜きにされてしまったと考えたのではなかったか。「ムラの内的亡び」（乗本吉郎氏）はすでにこの時点から始まっていたのである。

だから自治社会とは、外側からみれば、その地域のあるべきところにおさまった社会であるが、内側からみれば、地域が自らの課題を自らの頭で考察し、どうすべきなのかを自ら判断し、自ら決断できる力を備えた社会の謂いなのである。そのためには、犬田が述べていたように、既存地域の旧習や組織を廃棄したり組み替えたりする改革が必要かもしれない。そのとき初めて自由が存在するのだ。その建設の担い手は首長ではない。一部のリーダーに任せればよいわけでもない。ひとりでも多くの地域住民が「生活即教育の真生活」を送ることで、自治社会建設のプレイヤーになることが大切なのである（このための場の教育のプロセスは第3章で詳しくみる）。

（4）新しい地域社会構想としての自治社会の意味（2）
―ネットワーク型連帯を求めて―

自治社会構想には、もうひとつの重要な概念が内在している。連帯である。

各々が孤立した自給自足生活や、閉鎖的な地域自給経済圏を夢想したわけではない。むしろ、自律した地域の連携を意図したとみてよいだろう。この地域連携に関して、さらにつぎのふたつの点でその可能性にこだわってみたい。ひとつはたんなる地方社会の連携ではなかったということ、もうひとつは国内だけの地域連携を越えていく要素があったこと、この二点の可能性である。

前者に関しては、石川三四郎の「複式網状組織論」が興味深い(3)。石川は若かりしとき田中正造に深

石川三四郎

い影響を受け、谷中村事件で権力への洞察力を与えられた。つまり村という内部原理だけで組織される構造に、理想を破壊してしまう権力の発生と策動の余地が生じる危険性を憂慮していた。だから、ローカル・コミュニティ連合（コミュニティ原理）に加えてテーマ・コミュニティ連合（アソシエーション原理）も組み合わされた「複式網状組織」が連帯の理想像と考えたのであった。ひとりの人間が、多種多様な原理の組織に重層的にかかわることの重要性であり、また同様に地域が永続するためにも、単一のコミュニティ原理ではなく、アソシエーション原理をも内包し複雑に絡み合う関係をもつことが必要なのである。これが「複式網状組織」の意味だった。しかしじっさいには期待をもって関与した農民自治会運動はそうならず、次第に政治運動化していったのだった。

　国家を越える連帯の可能性に関しては、自治運動が同時代のアジアでもみられていたことに関係する。１９３１年に結成された「日本村治派同盟」という農本主義者が大同団結した団体がある。これは名称に「日本」と冠したように、中国の村治運動（郷村建設運動）がモデルだった。さらにはインドのスワラージ（自治）にも言及している（片倉和人「昭和農本主義と中国（上・下）」『農林経済』２００２年１月31日、２月７日）。条件さえ整えば、自治の軸において、国家を越えて人びと＝虐げられた農民が連帯する可能性もないわけではなかったのだ。そしてこうした可能性は、時代を経た今日、例えばフランス農民同盟のジョゼ・ボヴェに代表されるように、反グローバリゼーション運動として国家を越えたムーブメントに結実しているとみることもできるだろう。

このような可能性までも含んで彼らの連帯論を考えるなら、たんなる下から上への自治拡張論とは異なるものだ。今日、欧州の補完性原理（基礎自治体でできることは基礎自治体で行ない、できないことを順次その上の政府で行なっていくという原理）が日本にも紹介され、基礎自治体の権限強化・役割強化が検討課題になっている。だが可能性としての連帯論は補完性原理をより有効に機能させるために、コミュニティ原理（場所を共有する人びとのつながり）にアソシエーション原理（目的を共有する人びとのつながり）を組み合わせた構想、しかも必要に応じて、人びとのレベルでの、国境をも越えた社会構想を意図していたといえないだろうか。もっとも身近なレベルを現在の視点からみれば、自治会とＮＰＯの連携であり、多様な人びとや組織原理が小さな範囲で重なり合う「校区コミュニティ」の基本原理にも通じている（第３章参照）。理念としての「複式網状組織」とは、異質な原理を包摂する多様性にあふれたネットワーク型連帯論だったといえる。

（５）教育的手法の選択

さて問題は、こうした自律と連帯を両輪とする自治社会を、いったいどうやって建設するのかである。当時は組合運動や政治運動といった直接運動から、教育運動・文化運動などの間接的な運動まで、広い意味でさまざまな社会運動が存在した。そのなかで、なぜ教育的手法が選択されたのかを考えねばならない。

石川三四郎は政治運動ではなく、教育的な啓蒙活動に力を入れたのであったが、それは学校教育によってではない。「土」＝「地」＝「自然」と交わることで、それがもつ教育力に期待をしたのである。石川に限らない。土の教育運動にかかわった人びとは、社会・文明を根本的に変革するには、目先の現実を変えるだけでは不十分であり、社会・文明を担う人間一人ひとりの心の在り方の革新が最重要であると考えたからだ。土が内包する教育力に期待したのである。

石川にこういう言説がある。「吾等は地の子であ」り、「吾等の生活は、地より出で、地を耕し、地に還へるのみである。」「吾等は地に依りてのみ天を知り、地によりてのみ智慧を得る。地独り吾等の教育者である。地独り真の芸術家である。地を耕すは、即はち地の教育を受けるに外ならぬ」（「土民生活」）。「自然ほど良い教育者はない。自然は良い教育者であると同時に、又無尽蔵の図書館である。自然は良教育者にして、大芸術家にして、又、智識の包蔵者である」（「馬鈴薯からトマト迄」）と。

だから一人ひとりが、土＝地＝自然になんらかのかかわりをもつことで、そこから学びとることが大切なのである。生活の実践から、労働を通して学びとるのである。狄嶺はトルストイアン時代、「師は只だ一つ、『自然』、学校は、『生活』、私共は、御互ひにその『生徒』である」（『或る百姓の家』）と書いて、じっさい自分の子どもたちを学校に通わせない実験を行なっている。「生活即教育の真生活」を実践したのである。

彼らが採用した教育的手法とは、生活を教育の場に変換すること、「教育の自治」（石川）を実践すること、すなわち学校教育のように先生から他律的に教えられるのではなく自学すること、「無尽蔵の図書館」である土＝地＝自然から学ぶこと、こうした特徴をもった方法だったといえる。このような地道な主体的実践こそが、理想的な土の社会＝自律と連帯による自治社会を建設することを可能にするだろう。それはけっして夢想ではない。小さな範囲でなら可能性をもつことは、第２部の高野論文に描かれる実践が証明している。

だから一方では、可能性をもちながらも都会に抑圧され、思考停止に陥っている現実農村・農民に覚醒を促し、他方では、建設の最良の手段である教育をつかさどる学校に、鋭い批判のメスを入れざるをえなかったのである。

（６）大西伍一の学校教育批判

この学校批判を鋭く展開したのが、元小学校教師・大西伍一（１８９８～１９９２）であった。彼は姫路師範学校卒業後の数年間の教師生活で、学校教育に失望し退職する（１９２６年）。そして自らの理想とする「生活学校」の構想を、同年『土の教育』として刊行した。

大西も、石川と同様、アナーキズム的な思想傾向をもつ。反都会主義を内面化し、特権階級批判を繰り返しているが、彼の矛先はわけても学校教育に向かう。学校教育とは、時の支配的な思想を刷り込む場であるという認識を彼はもっていた。田園教育に対しても批判的だった。「園芸趣味的」でしかないからだ。

日本での新学校・新教育の流れのなかで、田園教育は１９０７年、ドイツ人リーツの田園教育舎（１８９８年）の影響を受けた今井恒郎によって創立された「日本済美学校（田園教育舎）」が先駆けである。その後、田園教育は一定の潮流を形成し、例えば１９１７年に創設された成城小学校では「自然と親しむ教育」を掲げ「自然科」を設置している。しかし大西は成城学園を「お坊ちゃんの気まぐれな土いじりが何で労作教育であったり、自然教育であったりするものか。烏山辺の百姓が成城の子供が学校の往復に畠を荒して困るといっていたという評判を真実とすれば、労作教育も自然教育も全く怪しいものである」と批判していた（大西伍一「成城学園は何所へ行く」〈中野前掲書（注１）、２４９頁〉）。

つまり、つまみ食い的ないいとこどりの田園教育は生活から乖離し、たんなる観念的なブルジョアのお遊戯だという批判である。大西は『土の教育』の中で「教育即生活」、「生活即教育」の重要性を繰り返し説いている。「即」は「的」ではない。しかるに学校教育は、「皆『的』の教育である。それらは悉く、温室的であり、避病院的であり、養魚場的であり、孵化室的であ」る。

大西の強調する「教育即生活」は、こういう教育だ（『土の教育』１３８頁）。

ミシン鋸や石膏を使つて所謂高級な作品を多く作ることは、却つて子供の生活分離ではないか。子供に、よしや男の子であつても、自分の破つた着物は自分で修繕する位のことがどうして教へられないのだ。箒、雑巾、塵取、塵箱、茶碗、箸、鞄、ノート等を、自分の手で、自分の趣向に叶つた様に作ることをどうして教へられないのだ。この様な物を卑近だとして退け、貧民の子供にクッションや壁掛の図案を書かせたり、蠟染や刺繍を教へることが高尚な美の教育なのであらうか。この卑近な物こそ我々の毎日の生活に不可欠の物であり、従つて之等の物を作ることこそ真に生活を営むことではないか。この生活をよりよく営むことの出来るやうに指導する所に、真の教育があるのではないか。

なぜできないのかと反問しているが、大西は小学校教師時代、理科の教科書を読むよりも近くのセメント工場を子どもたちに見学させたいと申し出て、理科主任に一言のもとに却下された苦い思い出があった。英語を勉強するよりも手工をやらせるほうがいい子どももいる。「総ての教科目がみんな生活から遊離してゐる」のだ。だから「教科目の内容をもつと実用化したい」と訴えていたのであった。

こうした「実用化」という教育方法は、一方では生活綴り方運動とも思想的接点をもち、他方では政治運動化する可能性を秘めていたことも断っておこう。

(7) 郷土教育への接続

しかしながら、土の教育運動は、次節でみる郷土教育運動のように学校教育に導入されたわけではないし、またそのつぎの節であつかう一種の村塾運動として展開をはかったわけでもない。一方では農民自治会のように政治運動化し、他方では農村教育研究会（雑誌『農村教育研究』の刊行）にみられるように村の研究へと沈潜していった。

『農村教育研究』（1928年6月〜30年8月、全25号）には、文部省役人や産業組合中央会などの農政関係者から大学教授、社会運動家、作家、帰農実践者まで幅広く多彩な人びとがかかわっているが、農村教育研究会の常任幹事として編集の任を負ったのが大西伍一であった。ここでは郷土教育運動との接続に関して、一点だけ確認したいことがある。最終号の特集「村の家」だ。

本特集は「埼玉県入間郡山口村の協同研究」である。1929年8月に3日間行なわれた山口村における講習会の成果が掲載されている。同調査のリーダー・人文地理学者の小田内通敏は、本誌冒頭の「村落地理研究の第一歩」という論考において、同講習会には多彩な人びと、江渡狄嶺や農村教育者、帝国農会の調査部員、農村青年、日本国民高等学校生徒などが参加し、「新しい協働に基いた村落研究」だと絶賛している。村内外の多彩な人びとの「新しい協働」による講習会は、今日でいえば、「風の人」と「地の人」とで奏でる地域学であったといえよう。まさにコラボレーションである。

この村内外の多彩な人びとの「新しい協働」に対して、狄嶺は短文「観らるゝものと観るもの」を寄せている。まず興味本位だけの研究が無意味なこと、村人への「十分の礼儀と、その生活に対する尊敬の念」が必要なことを述べたうえで、社会科学が経験を重視する学問であり、「観らるゝものが同時に観るものたり得」、したがって「根底的な村の研究は、こうした共同のアルバイトにある」と結論づけた。

この論点は興味深い問題提起を含んでいる。第５節で詳しくふれるが、ひとりの人が「観らる、もの」（農民）であると同時に「観るもの」（研究者）でもあるという、二重のくぎられない役割を内包している存在だという論点である。これは「生活即教育」あるいは「教師即生徒」という意味でもあり、私の考えるプレイヤー論にも通じている（第３章参照）。固定した役割分担を拒絶し対象に多様性も認めているが、地域自体も同様である。生産機能と消費機能に特化し、固定された役割分担を強要される都市・農村関係の変換も含んでいる。

いずれにせよ、大西のいう「教化の徹底」は、身近な郷土を対象とした教育でこそ実現しうるだろう。「村の家」特集号は、この意味では「生活学校」の行方を暗示していたといえる。ただ大西自身は農村教育研究会の解散後、老農研究を推し進め７００頁近い大著『日本老農伝』（１９３３年）を刊行し、渋沢敬三の経営するアチック・ミューゼアムの研究員となる。村の研究を掘り下げる試みは、小田内らの主導のもと、別組織による郷土教育運動として進められていくのである。

3　郷土教育運動
―いま・ここを掘り下げる地域学の源流―

(1) 郷土教育運動とは

明治期に「地方《じかた》」の研究を提唱した新渡戸稲造（1862〜1933）は、1930年11月の『郷土』創刊号においてこう述べている。「『農業本論』なる一書を世に公にして、『地方《ヂカタ》』の研究を唱導したのは、既に卅年以前のことであつた。其頃は郷土なる語が今日の如く学問の対象として行はれてゐなかつたから、我輩は昔より伝え来つた『地方』なる文字を借りて、今日の郷土の意味に用ひた」[4]と。そして身近な郷土の研究の重要性をあらためて主張する。「実際為すべきことは先づ近い所からやるべきである。日本の教育は小な事を怠つてゐて大きなことばかりやりたがつてゐやしないかと思ふ。今までの教育は天下国家のことを主眼とし村のことをバカにしてゐた」（第3号）。

「太平洋の架け橋にならん」との志をもって国際連盟事務次長まで歴任した新渡戸は、まず目を「近い所」「小な事」に向けることの大切さを指摘していたのだった。今日でいえば、基礎自治体よりも下位レベルの範域である学校区を対象にして、地域住民が担う「小さな自治」あるいは「手づくり地域経済」という地域経営の概念に近いかもしれない。

それはともあれ、地元を捨てさせる教育は、新渡戸がいう「天下国家のことを主眼とする」教育だ。

「近い所」「小な事」を「バカに」する教育への対抗が郷土教育にほかならない。郷土教育は昭和の初め盛んになった。一方では尾高豊作（１８９４～１９４４、刀江書院社主）、小田内通敏（１８７５～１９５４、文部省嘱託）らによって郷土教育連盟（以下「連盟」と略記）が結成され、他方文部省も「教育の実際化、地方化」を掲げ「愛郷、愛国の精神」の涵養を意図した郷土教育に力を入れる。予算措置も講じながら全国の師範学校や小学校に郷土研究を奨励し、学校現場からも期待をもって迎えられている。まさに教育運動というにふさわしい動きだったのである。

郷土教育運動の歴史的評価に関しては、「現実の郷土を正しく理解する」という目的から、１９３７年頃を境に「観念的精神的な日本精神涵養」の運動へと変質したことが指摘されている（伊藤前掲書〔注１〕、４１３頁）。学問的な広がり、文部省のかかわり、現場の小学校・師範学校の実践など、同時代の影響力は前節でみた土の教育運動よりはるかに大きい。本節では、現代の総合的な学習（学校教育）や地域学（生涯学習）の動きを念頭におきながら、かつての郷土教育運動から何が学べるかを考えてみたい。

（２）対象としての郷土、方法としての郷土

郷土という言葉は今日曖昧さを含んだ語であるが、すでに昭和初期における郷土観も多様であったことを芳賀登氏は指摘している（『地方史の思想』ＮＨＫブックス）。芳賀氏によれば、「⑴生まれ故郷としての郷土、⑵感情としての郷土、⑶直観行動としての郷土、⑷行政区分としての郷土、⑸伝承文

化としての郷土、⑹聚落としての郷土、⑺生活根拠としての郷土の七つである」。
じっさい昭和初期の郷土教育運動において、郷土の共通定義を明確に語ることは難しい。連盟では「宣言」を掲げ、郷土を「土地と勤労と民族との三ツの綜合体」ととらえていた。しかし、この定義は小田内らが依拠したル・プレー学派（例えばゲッデス）の「場所・労働・住民」の三要素から地域をとらえる手法の引き写しだったように思う。連盟では、地域調査方法論として『郷土調査必携』や『郷土調査帖』を刊行するように、対象としての郷土を科学的・客観的にとらえる意図を強くもっていた。『郷土』が第7号より『郷土科学』と改称されたのも、好事家的な郷土主義を排そうとしたからである。

ところがこうした態度は、民俗学者の柳田国男（1875〜1962）から批判されることになる。柳田の郷土研究は、「郷土を研究」するのではなく、「郷土で日本人の生活」を研究しようとしたものだった（丸点原文、第27号）。柳田の郷土はいわば方法だったのである。つまり郷土ごとに異なる事象が強調されるお国自慢を避け、「日本人の生活」の全体像を理解すること、それが柳田の「一国民俗学」だったのだ。そのためには、各郷土で蒐集した民俗事象を比較・総合することが必要となる。常民や米にこだわる柳田の心情は、郷土ごとの狭量なお国自慢を越えて日本人としての共通性を自覚することで（＝日本人アイデンティティの確立）、欧米列強への対抗手段にしたい（＝下からの国民統合）というところにあったのだろう（小熊英二『単一民族神話の起源』新曜社）。

だが郷土教育が採用した対象としての郷土という方法論は、たんなる科学的・客観的というレッテルだけでは説明できない現実をもっていた。そのことを郷土教育の実践事例（滋賀県の島小学校）から考えてみよう。

（3）郷土読本―滋賀県蒲生郡島小学校の場合―

当時、島小学校（滋賀県蒲生郡島村〔現近江八幡市〕＝人口約3000人）の郷土教育実践は全国の先進事例としてよく紹介された。連盟の雑誌でも取り上げられたが、1930年の『島村郷土読本』に始まって、敗戦に至るまで数十冊の独自の郷土教育関連本が発刊されている。島小学校の郷土教育は、「生活環境たる郷土を全体的に認識させること、郷土を科学的認識によって裏付けていくことを基礎にして、狭い郷土人をめざす教育でなく、自ら『生活環境の改善』をめざす日本人・世界人の教育を志向するものだった」（木全清博編著『地域に根ざした学校づくりの源流―滋賀県島小学校の郷土教育―』文理閣、77頁）という。

『郷土』第6号には、島小学校訓導（栗下希久路）から寄せられた便りが掲載されている。小学校現場での郷土教育の中身がよくわかるので引用してみたい。

> 不景気が、そうさせたのか、時代がそうさせたのか村の人達が真剣になつて私達の学校へ押し寄せて来ました。兎の飼ひ方を教へて呉れ、豚のかひ方も羊、鶏等々も……。副業はどうしたらよいか等と。村の人達のみでなく、他村から続々と百姓が参観に来出しました……小学校へ百姓

の参観人之は日本の小学校では見られない珍風景と人々は笑ふかも知れません。……併し之が私達の「郷土教育」です。そして、養兎組合、鶏、豚の組合等が生れ出しました。

じっさい『島村郷土読本』の中には、村の振興にかかわる教育実践が随所にみられる。右の報告にあるように、学校で家畜を飼い、果樹を植え、畑を耕作する。そして「将来の島村」と題する項目では、村の地理的特質をふまえ、子どもたちと先生との会話形式でいくつかの提案がなされる。副業の奨励（家畜の飼養、複式農業化）、産業組合の利用、電化と交通開発、思想善導（社会教育の充実）、水産業振興（養魚、区画漁業）、長命寺の観光化、五万円貯金、等々。郷土教育はやがて「生産学校」や「労作教育」が課題とされ、さらには「日本精神」涵養の場として変質していくといわれるが、そうしたなかにあって、右の内容は敗戦に至るまで変わらないのである（『自力更生教育』１９３３年、『（改訂）島村郷土読本』１９４０年）。

『島村郷土読本』の目的は、郷土に対する理解、郷土愛の涵養、郷土文化の建設にあった。そして島村を郷土の範囲とみなし、国民科、修身、国語、国史、地理、理科、実業を通して郷土・島村を掘り下げようとしている。この試みは、土の教育運動の学校教育化と理解しても誤りではないだろう。戦時期に入ると、国体論の中で郷土教育が変質していく側面もみられるけれど、ほんらい郷土を掘り下げるという行為自体は、国体論の枠内に収まる必然性をもってはいない。国体論に集約されない時空間を発見する可能性があるからだ。

（4）越境する空間

郷土愛が国家愛に直結しないことは、郷土教育運動のなかでも指摘されていた[5]。郷土を掘り下げることで、国体論が示す時空間とは別の時空間に立つことも十分ありえた。「海の国」日本の特殊性から世界各地とのつながりに目を向けるべきだという提言も連盟雑誌にはみられる。もちろんたんなる空間拡張＝横滑りだという謗《そし》りを免れないかもしれないが、郷土教育運動にもかかわった長野県諏訪中学校の地理学教師・三澤勝衛（1885〜1937）は、郷土を掘り下げることで別の空間を暗示していた。

三澤勝衛

三澤は郷土という言葉よりも、大気と地表の接触面という自然科学的な事実から、「風土」という言葉を好んで使う。個性ばかりが強調されがちな郷土ではなく、どんな小地域であっても他地域と共通性をもつ、という事実を強調したかったのかもしれない。だから「郷土なるものは世界の縮図ではない。それとは反対に、郷土は世界に迄も其拡りを持つた一大地域のその中心核地域なのである」（創刊号）と強調する。

「世界の縮図」という見方（縮図的郷土観）と

「世界に迄も其拡りを持つ」という見方（三澤的郷土観）とは、どうちがうのだろうか。一見同じように思えるが、中心に郷土を置く点で、三澤の郷土観は縮図的郷土観と根本的に異なっている。縮図的郷土観は、国家を前提にした郷土→国家→世界であり、三澤的郷土観は、郷土を掘り下げそこから拡張するさまざまな拡がり方が、場合によっては国家や世界にまでつながるということなのである。縮図的郷土観の視線は、じつは郷土にはなく、初めから外側（国家）にある。三澤が郷土を「中心核地域」だと強調する理由も、視線をまず身近な自地域に向け、そこを掘り下げることを意図したからだろう。

同じことは今日も同様だ。グローバルの強調はともすると、たんに地球規模で自地域を考え、目を外に向けるだけの結果に終わりかねないが、三澤の主張はまず自地域が中心であること（＝固有性）をふまえ、そこを掘り下げるとき、事象の性格に応じた拡がりをもちながら、他地域との共通性と異質性とを見いだせるという発想だったように思う。新渡戸が「近い所」「小な事」を強調したことと同様だ。まず小・近から必然的に拡がる時空間とは、郷土（愛）→国家（愛）という図式にみられるような、初めに国家があってそこへ郷土が向かうという思考とは異質である。三澤の考えは、その本質のところでは国体論には収斂しない。

さらにつけ加えておこう。第2節のネットワーク型連帯論のところで、反グローバリゼーション運動を主導する農民ジョゼ・ボヴェについてふれた。彼は国家を越えて農民の地球規模での連帯を模索しているけれど、1970年代には「ふるさと（Pays《ペイ》）復権運動」―ペイで暮らしペイで働く―にかかわっていた。だから彼自身の本質は郷土主義者＝地域主義者だといえる（ポール・アリエス&クリスチアン・テラス『ジョゼ・ボヴェ』つげ書房新社）。郷土を愛することが国家を終点としないことは、この現代の事例も実証している。

(5) もうひとつの伝統

また時間はどうだろうか。天皇と臣民との家族国家観を強調する国体論の時間構造は、頂点に天皇が位置し、郷土のすべての伝統を天皇の時間に統合する機能をもっている。今日、例えば「東北学」などが、大和王権に集約されない独自の歴史に依拠することで自らの地域アイデンティティを確立するケースがみられるけれど、[6] 同様に郷土がもうひとつの時間をもつ可能性も理屈としてはありえるだろう。和暦や皇紀の内にありながら（1940年＝昭和15年＝皇紀2600年）、伝統の精査という作業を通して、柳田がリードしたような稲作文化論ではない、もうひとつの伝統に行き着く可能性もあった。

例えば詩人・評論家の福士幸次郎（1889〜1946）という人物がいる。彼は郷土教育運動には直接関与しないが、大正期半ばより「伝統主義」運動に加わり、大正の終わりには郷里の青森県津軽に戻り、フランスのレジオナリスム（Régionalisme）に依拠した「地方《ちほう》主義」を提唱した。じつは小田内も依拠したフランスの社会学者ル・プレーの系譜上に20世紀初頭のフランス・レジオナリスムの展開があり（遠藤輝明編『地域と国家―フランス・レジオナリスムの研究―』日本経済評論社）、その後アクション・フランセーズなどの右翼運動に展開していくのと同じく、福士も後にはファシズム運動に関係しながら郷土に関する評論を発表している。

しかし小田内らの郷土教育運動とは一線を画し、また時の「日本精神」などという「特殊の教養分子によつて行はれたる」運動とも「何等の関係が無」く、福士は「伝統主義」「地方主義」を掘り下げることで、「記紀以外の一般の伝統、即ち地方に残る伝統」を発見する。それはいったい何か。「昭和五年の冬郷里に再遊し、山中の淋しい温泉場で孤独な追索に耽つてゐた間に、吾吾奥羽人の先祖が、此の雪の多い奥地まで進出するに到つたのは、奥羽地方に豊富な土中の富み、金属、特に鉄を獲取する為であつたのではあるまいかと不図考へついた」(『原日本考』1942年〔1997年復刻〕の「序」)。こうして福士は以後10年以上にわたる研究のすえ、日本民族の祖先は鉄の技術をもった南方海洋民族だという視点から、鉄の文化論を披露するに到ったのである。しかも『原日本考』は太平洋戦争中に刊行されていることにも注意を促したい。

稲の文化論ではないもうひとつの文化論＝もうひとつの時間が、郷土の伝統を掘り下げる過程で立ち上がる可能性があったことを実証している例である。

(6) 新しき郷土社会の建設—生活の消失—

さて、話がやや脇道にそれたけれど、郷土はたんに研究対象(学びの対象)ではなく、郷土を学んだ主体が新たな地域社会を建設する実験場でもあった。『島村郷土読本』をみれば、郷土愛に満ちた経済的にも精神的にも豊かな郷土社会の建設をめざしていたことがわかる。

一方連盟では、めざすべき「新しき郷土社会」を、「或る一定の地域を持った協働社会集団」（第16号）、あるいは「自治的共同社会」「自主協同の地方自治社会」（第20号）などと定義するが、土の教育運動がめざした自治社会＝自律と連帯に基づく自由な地域社会との決定的な差異はみえてこない。

おそらく理念世界での差異をみつける努力は徒労に終わるだろう。土の教育運動では、「生活」がひとつのキーワードになっていたことはふれたけれど、郷土教育運動には、「生活」に加えてもうひとつのキーワードがあった。それが「主体化」である。

埼玉県山口村の「村の家」の研究（『農村教育研究』最終号）に参加した江渡狄嶺は、『郷土』第2号に「百姓の場からみた郷土教育」という文章を寄せている。要は教育を学校に囚われずに根本的に転回させることを強調しているのだが、教育を生活の場からバウエン（建設）されねばならないと説いている。「学校教育の郷土化」ではなく「各郷土の生活体験」（第4号）を重視した初期の連盟も、狄嶺のいう教育を生活の場からバウエンするという思いを継承していたはずだ。こうした態度は、生活という身をもって参加する営為の内に教育を位置づけなおすこと、すなわち主体化という態度に通じていると思われる。

しかしその後連盟では、芳賀氏がいう「感情としての郷土」にかかわる事柄が、科学的・客観的な郷土研究に特化する過程で排除されていく。例えば郷土を愛することであり、郷土を誇りに思うような心情である。「生活」や「主体化」とは、こうした「感情」を土台に立ち上げられるものであろう。

「感情としての郷土」がすべてお国自慢的・排他的な郷土主義へと収斂するわけではない。自分の「感情」を基底にして、じっさいの生活の中に郷土の諸事象を落とし込んで自分とのつながりをつかむこと（主体化）は、よりよい郷土に育てていくうえで必要なことである。むしろ、「感情」を遠ざけてしまうことで郷土の身近な諸事象が生活から遊離していくとき、逆に抽象的なイデオロギーが生活の内に侵入してくるだろう。新しき郷土社会は、「生活」と「主体化」をその再建の中心に置くべきだったのである。

（7）郷土と地域アイデンティティ

ところで、郷土愛（Patriotism）というと評判が悪いけれど、本質的には郷土愛と国家愛（Nationalism）とは異なるものである。(7) 同じ土地に暮らす人びとを大切にし、その土地の歴史と文化を尊重し、その土地の自然環境を守り育てることが郷土愛であるはずだ。郷土愛は身近な具体的事象（人も含む）を対象とし、国家愛は抽象的な理念が必ず介在する。だから郷土愛は、自地域への誇りにかかわる地域アイデンティティ（Local Identity、以下「ＬＩ」とする）といいかえてもよいだろう。

生活には理念を現実の中で試すことが含まれる。ＬＩはこの過程で育まれる。では郷土を知ることは、ＬＩへの転化を促すのだろうか。郷土研究を通して詳細に自地域を知るとき、私たちの郷土に対する思いは変わるだろうか。私の考えでは、自分とは無関係な知識をいくら蓄積してもＬＩには転化しない。しかし地域事象が私たちの生活にどう影響しているのか、その中身を具体的に知ることができれば、その事象の身近さ度に応じてLIが育まれるだろう。いいかえれば、各地域事象の意味づけを行ない、私たちがその意味を理解するとき、腑に落ちるという体験とともに、事象が映し出す光景は一変するだろう。ここに至らないと知識偏重という誇りを越えることができない。

宗教的真理の開示はまさに「主体的真理」（S・キルケゴール）であるかどうかにかかわっている。客観的な諸事象もわが身との関係で意味の遠近が明らかになるとき、一瞬にして主観的な諸事象になるはずだ。この転換の妙味は、たぶんに宗教的体験に近いかもしれないが、第5節で解説する「場」を発見するとき、同じような境地にいたることが示唆されている。

先ほど、郷土を学ぶ（郷土教育）／郷土で学ぶ（柳田民俗学）の対比を示したが、じつはもうひとつの態度があることを指摘しておかねばならない。〈郷土に学ぶ〉という姿勢である。郷土は学びの対象（客体）であると同時に、郷土は学ぶ主体に対して教える主体として変容する（客体の主体化）、こういうくぎられない関係に置かれた学び＝教え、そして活動へと至るプロセスにこそ、〈郷土に学ぶ〉という表現がぴったり合う。

島小学校の実践事例も、〈郷土を学ぶ〉から〈郷土に学ぶ〉へと子どもたちの態度を変化させることが狙いだったといえないだろうか。郷土を学び、郷土の優れているところを理解すると同時に、郷土の悪弊に対する気づきも促し、その改革を試みようとしている。例えば「保守的と言ふ欠陥」＝「島根性」を革めなければ郷土は発展しない、と『島村郷土読本』では強調される。「先づ郷土を知れ。

真に郷土を理解するものは、真に郷土を愛するでせう。真に郷土を愛するものは、郷土の繁栄を計ることを考へるでせう」と。学びと活動が重なり合っている。こういうプロセスの中で、＜郷土に学ぶ＞子どもたちを育てることが、郷土教育の実践現場の課題であったように思う。

（8）誰が郷土社会を建設するのか

この＜郷土に学ぶ＞方法は、決して学校教育だけでは完結しない。家庭や地域との連携が必要だ。そして郷土発展のための共有目標を掲げ、「できること」「したいこと」「せねばならぬこと」を行なっていける担い手を育てることが課題となる。最後に、この担い手育成に関する方法論についてふれておきたい。

連盟は1932年4月、誌名を『郷土科学』から『郷土教育』に変更した。郷土の科学的認識を前提として、「実践」に向かおうとしたからだった。連盟の実質的指導者・理事の尾高豊作は、「切点」という概念で、さまざまな方向性を内包する動態的な可能態として郷土をとらえ、教育実践へと結びつけようとした（第19号）。だがあまりに抽象的すぎて、島小のような学校現場との距離は明白だ。連盟はその後、担い手としての「児童」に力点を移し、「児童研究」（尾高）へと向かったのだった。だがそこでは「各郷土の生活体験」という方法が十分に展開されたとはいいがたい。児童が郷土生活を送るなかで、地域の諸事象がどんな意味を付与されて生活の中で統合されるのか、こういう問題には研究が向かわず、児童の社会的環境の研究へと学問関心が変容していった。

他方、小田内通敏は郷土自体にこだわりをもち続ける。１９３４年には「郷土教育の統制と運用を意図」して「日本郷土研究所」の設立を計画し（第43号）、戦時中は『日本郷土学』という本も出版する。対象としての郷土に主たる関心が向かい、やはり担い手の問題はあまり考慮されていない。

だがいうまでもなく、教育は学びの主体が誰なのか、何をめざして、どんな方法で学ぶのかということが避けて通れない問題である。人材育成の問題だ。郷土という場所を設定しその可能性を追求したのが郷土教育の功績であろうが、担い手育成に関する教育実践は、また別の教育運動を確認する必要がある。それがデンマーク型教育運動である。

４　デンマーク型教育運動

（１）地域再生と人材育成―塾風教育の勃興―

いつの時代でも地域再生で大切なのは人だといわれる。「地方の時代」とともにあらわれた一村一品運動も、育ての親・平松守彦氏は、「人づくり」の運動だと語っていた。どの地域づくりの成功事例をみても必ずリーダー的な人がおり、その人の嗅覚の鋭さと経営感覚の確かさが地域再生へと導いてきた。（ただし私自身は今後、リーダーを養成する、あるいはリーダーを待望する地域づくりではなく、多数の小さなプレイヤーによる地域そだてが重要になると考えている。詳しくは第３章で論じたい。）

近代日本もまったく同様に、地域再生と人材育成が同時に求められた。最初の画期が日露戦争後であり、一方では地方改良運動（町村財政基盤の建て直しをめざした官制運動）が唱道され、他方では戊申詔書（教育勅語の再強化）によって人心の刷新をはかっている。地域再生と人心刷新とはセットになってその後も反復される。

昭和恐慌による地方疲弊のさいにも、経済更生運動（ムラ再建のための経済更生計画を立てて実践する運動）では「自力更生」が強調され、この頃から「農民道」や「農民精神」なる精神論が登場し人づくりが喧伝された。そのための教育機関として、文部省とは別系統の塾風教育が農村では流行するのである。第1節でみた土の教育運動が民間の啓蒙運動であったのに対し、第2節でみた郷土教育運動は文部省と民間のある種の連携のもと学校現場でも主導された運動だった。本節でみるデンマーク型教育運動は、非文部省系統の村塾運動であったといえる。

ところで、1934年に財団法人協調会が刊行した『農村に於ける塾風教育』には、以下の塾風教育機関が掲げられている。①国民高等学校、②農民福音学校、③農村青年共働学校、④農士学校、⑤農民講堂館、⑥その他、⑦農民道場。ここで興味深いのは、同書の「緒言」にて、①②③の三者は「その淵源を等しく丁抹《デンマーク》国民高等学校の根本精神に発するものである」と述べられている点である。ただし「一は古神道を、一はキリスト教を、一は独自の宗教を基調とする」というように教育理念は分化していた。昭和初期の塾風教育には、デンマーク国民高等学校の影響力がきわめて大きかったことを物語っているだろう。

従来、デンマーク国民高等学校運動の日本版というと、必ずといっていいほど加藤完治と日本国民高等学校が持ちだされてきた。しかしこの流れは、じつは日本的な歪みの事例であって、デンマーク国民高等学校（以下、原語にしたがって「フォルケホイスコーレ」とする）の正統な継承ではない。むしろデンマークのフォルケホイスコーレの正統な日本的継承は、右記の②にあたる農民福音学校だったと思われる。

(2) デンマークのフォルケホイスコーレ

しかしそのことを述べる前に、まず本家のデンマーク・フォルケホイスコーレについて確認しておかねばなるまい。グルントヴィ（１７８３～１８７２）によって最初にフォルケホイスコーレが建てられたのは１８４４年であったが、しかし１８６４年のプロイセンとの戦争（第二次シュレスヴィッヒ＝ホルスタイン戦争）の敗北まではわずか11校の設立にとどまった。勢いを増すのは戦後である。１８７１年には52校（生徒総数２２８３人）、１８８１年64校（生徒総数３５０９人）、１８９１年75校（生徒総数３９７６人）、１９０１年74校（生徒総数５３６２人）と推移している（宇野前掲書〔注１〕、１０７頁）。

ここでは日本でフォルケホイスコーレ受容の先鞭をつけたホルマン著（那須皓《しろし》訳）『国民高等学校と農民文明』（１９１３年）からその教育のじっさいを抽出してみよう。アスコフ・フォルケホイスコーレ（全寮制）における一日の日課は以下のとおりである。

7時―起床・掃除／7時半―朝食（大食堂、食後自由参加の祈祷会）／8時―唱歌合唱ののち大講堂にて一斉講義（言語学、歴史的物理学、北欧神話等）／9時―体操、終了後シャワー／10時半―大講堂にて一斉講義再開（自然科学、世界近代史等）、各教室に分かれて授業（数学、手工、生理、歴史、地理）／14時―昼食、食後休憩／15時15分―体操／16時〜18時―男子：国語、ドイツ語、英語、女子：体操（校長夫人より）／18時―大講堂にて講演（デンマーク古代史、外国史、国家観念論等）。

ここにみられるように、一般教養的な科目教授、とくに歴史科目や言語（学）が重視されており、農業補習学校のごとき実学的な、あるいは職業教育を施す教育機関ではないことがわかる。また体操（デンマーク体操）の時間を多く採用しているように健康増進にも力を入れ、全寮制で校長夫妻との親密な関係を通した人格陶冶といった教育理念もみられる。

フォルケホイスコーレとは、日本グルントヴィ協会幹事の清水満氏によれば、「自由学校」「生のための学校」である。試験をせず単位や資格取得もない。性別・年齢・障がい・国籍を問わず誰でも入学できる。すべて私立で政府の援助は受けるが一切の干渉はない。いわば公教育への対抗教育だという（『生のための学校（新版）』新評論）。民族精神（郷土愛＝Patriotism）と同時に「自由」などの普遍的な理念の獲得をめざしていた。清水氏は、デンマーク・フォルケホイスコーレの理念は、むしろ土田杏村の自由大学運動に近いとさえ述べている。(8)

(3) フォルケホイスコーレの本流

ところで、小国デンマークの発展ぶりが日本で紹介されるのは、日露戦争期ごろからである。1905年のハガード著(矢作栄蔵訳)『丁抹の田園生活』を皮切りに、1930年代までに単行本だけでも40冊近い著書が刊行された(野本京子『戦前期ペザンティズムの系譜』日本経済評論社)。その多くは躍進著しいデンマーク農業論・農村論であったが、その土台としての国民高等学校の紹介もあった。

じっさいにデンマーク・フォルケホイスコーレを模して初めて創られた学校は、1913年、キリスト教の青年牧師・杉山元治郎(1885〜1964)によって始められた福島県の小高農民高等学校であった。杉山は、同年に翻訳が出た前出・ホルマン著『国民高等学校と農民文明』の影響を受けて小高農民高等学校を始めたと語っている(『土地と自由のために』)。この小高農民高等学校は、14年後に兵庫県瓦木村(現西宮市)の賀川豊彦宅で始められた農民福音学校のモデルともなったのである。

デンマーク・フォルケホイスコーレの創設者・グルントヴィをはじめ、フォルケホイスコーレ発展の立役者・クリステン・コル、あるいは内村鑑三の小著「デンマルク国の話—信仰と樹木とを以て国を救ひし話」(1911年)で紹介されたダルカス兄弟など、すべてキリスト教信仰が基底となっている。この意味で、日本のキリスト教会がフォルケホイスコーレに注目したのは当然であったといえるだろう。
そもそも加藤完治の日本国民高等学校（1927年、茨城県友部）の原型となった山形県自治講習所（1915年、加藤完治所長）でさえ、内村鑑三の弟子・藤井武（1888〜1930）が構想したものであり、講義科目中心の藤井プランと農作業中心の加藤プランが対立し、結局加藤プランが採用されるという経緯があったのだった（宇野前掲書〔注1〕243〜244頁）。つまりこの最初期の段階で、デンマーク・フォルケホイスコーレのもっていた性格は歪められ、加藤とその周辺の農政官僚・農政学者らの意図のもと特殊日本的な展開がなされていったのである。

決定的なちがいを述べておけば、講義科目が極端に少なく、身体訓練に主眼を置いたのが日本国民高等学校であり、教養（リベラル・アーツ）科目を重視し、歴史教育に主眼を置いたのがデンマーク・フォルケホイスコーレであったといえる。また両方とも体操を重視するが、デンマーク・フォルケホイスコーレで重視された「デンマーク体操」とは、軍事教練から切り離した民衆の健康増進のための体操であった。これに対して日本国民高等学校で導入された「日本体操《やまとばたらき》」とは、古神道学者・筧克彦の考案になる「僅か六分乃至十分で、我が建国の精神理想を反省し乍ら、心身の鍛練を計ることを目的とする簡単な体操」（筧克彦編『神あそび　やまとばたらき』）だった。内側の生の躍動を解放するためのデンマーク体操と、日本精神を外側から注入し身体化するための日本体操という、目的の明確な相違が存在していた。

こうして、日本版フォルケホイスコーレは日本国民高等学校ではなく、キリスト教精神を共通の土台とする農民福音学校へと継承されたといえるだろう。農民福音学校の発展に杉山とともに尽力したのが賀川豊彦（１８８８〜１９６０）である。賀川は神戸市新川の貧民窟での伝道をはじめとして、徹底的に庶民とともにキリスト教を歩んだ牧師である。しかし彼ののちの述懐では、「私の十四年間の貧民窟の社会事業が失敗したのは何故か？　自然を与へる方法をつけなかつたからである」[9]（『賀川豊彦全集』第６巻、４３６頁）という反省から、「自然」を前面に出す教育がとられる。彼のユニークな農業論はあとでふれたいけれど、賀川の自然への深い関心ゆえに、その目線は労働者教育ではなく、農民教育へと向かったのは当然であった。

（４）農民福音学校とその教育内容

ところで、杉山が本格的に賀川とともに農民福音学校を始めるきっかけになったのは、賀川自身のデンマーク・フォルケホイスコーレへの視察であった（１９２４年）。賀川は杉山に宛てた手紙の中でこう述べている（『全集』第23巻、１３１頁）。

S兄〔杉山のこと〕、農村を改良するのは、矢張、グルンドウイヒ流にやらなくちやいけないと思ひます。つまり私の云ふのは、土から生えねばならぬということです。私は、日本に於ても、ロシヤやドイツの真似をしないで、デンマーク流に、農村に於ける精神的改造から、初めねばならないのではないかと思ひます。

この手紙における「ロシヤやドイツの真似」というのは、トルストイ流の帰農主義やリーツ流の田園教育を指していたように思う。犬田卯流にいえば、「土への」ではなく「土からの」に匹敵する賀川の「土から生えねばならぬ」という姿勢は、農村や田園を賛美し、そこに回帰するような性格のものではなく、むしろ「精神的改造」を通して農村解放をめざした運動と同じである。グルントヴィ流の民族精神（Patriotism＝郷土主義）に立って、地元を愛し、自由に学び、普遍性を獲得する教育によって精神改造された農民自身が奮い立ち、戦いを通して旧き農村を革新していくのである。かくして1927年2月11日より3月11日まで、第1回日本農民福音学校が開設された(10)。

「精神的改造」（いわゆる〈気づき〉の誘発）のための教育は、フォルケホイスコーレがそうであったように、科目教授であった。とはいえ、フォルケホイスコーレが歴史や神話に力を入れたのに対し、農民福音学校はその名のとおり「福音」の教授として、キリスト教伝道色が強いものであった。第1回学校の教科科目を列記すれば、「キリスト教一般」「旧約書の精神」「新約書の精神」「キリスト伝」「教会史」「農村社会学」「農業通論」「農家経営法」「農村社会事業」「その他特別講演」であった。

ただ、農民福音学校も指導者と土地柄に応じて、さまざまなバリエーションをもっている。賀川より早く1924年に農民福音学校を立ち上げた牧師・栗原陽太郎（群馬県渋川民衆高等学校）は、「世界文化史」「農村社会学」「デンマアク研究」「農村偉人伝」「農村社会改造論」「病虫害総論」「世界歴史」「デンマアク体操」「群馬県地質学概論」「多角形農業論」「商業史」「農業政策」「婦人問題」「音楽」などを科目に取り入れている。教養と実学のバランス感覚に優れ、大変興味深い。

当時、農民福音学校はさまざまなかたちで広く普及した（1935年全国37か所で開設）。賀川・杉山らの農民福音学校も、たんに農村伝道だけに特化していたわけではない。むしろ的確な農業技術や農業経営法、しかも農の本質に即して未来を見据えた農業論＝地域振興論をもっていた――そもそも杉山は大阪府立農学校出身で農会技師も経験し農業技術にも農村問題にも詳しかった――点が、農民福音学校を広く普及させた理由だったのではないのだろうか。その中核が「立体農業論」である。

（5）賀川豊彦の「立体農業論」の可能性

狭い意味での立体農業論とは、樹木作物（栗、胡桃、杏など）の栽培をいう。そのきっかけになったのは、アメリカの経済地理学者J・R・スミス（Joseph Russell Smith、1874〜1966）の著書『Tree Crops: A Permanent Agriculture, 1929（樹木作物―永続的農業―）』を、賀川が『立体農業の研究』（1933年）と訳して世に問い、また自ら「日本に於ける立体農業」という序説を書いたことである。

賀川によれば、稲作中心の農業は「平面農業」であり、とくに山岳の多い日本では「立体農業」に注目すべきだと説く。日本は古来、栗、栃、椎、榧《かや》、胡桃、杏、梅、柿、無花果などの樹木作物を多く植えてきた。これらは林檎や蜜柑や桃とちがって、蛋白質、脂肪、澱粉を与える「生命の樹」なのである。そもそも大和（ヤマト）の呼称はアイヌ語ではヤム（栗）、トー（多い）という意味だ、と賀川は解説する（『全集』第12巻、133頁）。

ところが、水田稲作の拡大とともに飢饉に苦しむ地域が増えてきた。「飢饉が何故起こるかと云へば、田に稲を作ることばかりに専念して、それ以外の土地のことを念頭に置かないからである。多角形農業と樹木農業を実施すれば、決して飢饉で苦しむことはない。田には米麦、藺、養鶏、無花果、柿、栗、胡桃と、いつも心を配って、一寸の土地も無駄にしないやうにすれば」よい（『全集』第12巻、14〜15頁）。ここでは有畜農業も奨励され、山羊を中心に小動物、また湖沼には鯉や鮒を養殖することも提唱していた。こうした多角形農業、立体農業、有畜農業の組み合わせは、農産加工にまで広がりをもつものだった。賀川の協力者、小寺俊三は立体農業経営を要領よく次のようにまとめている（「立体農業は国を救ふ」『農民クラブ』１９５０年８月）。

立体農業は樹木作物栽培や優良家畜飼育のほかに、普通作物、果樹、蔬菜、小家畜、農産加工、畜産加工其の他適地適時適作を示し、健康明朗な生活を営む理想的農村社会の運営―協同組合主義による―に至るまでの綜合的農業経営法である。

これは広義の立体農業だといえる。いいかえれば、生活者の身の丈に合った総合開発構想であり、狭小な林業を越えた多角的な山地利用としての〈山業《やまぎょう》〉の提唱だったと考えてよいだろう。第１章で愛知県東三河の山間部と平野部の関係史にふれたけれど、賀川豊彦は１９３１年に『一粒の麦』という北設楽郡の津具村（現設楽町）を舞台にした小説を発表している。津具土地利用組合が山腹の雑木林を切り開き、栗、胡桃、無花果を植え、林間に蕎麦や粟をまき、また池には鯉、鰌《どじょう》、鮒を多数飼い、津具利用協同組合の共同製粉所では米を搗き、粟、稗、玉蜀黍、馬鈴薯などを製粉する、また山羊、羊も飼育し、養蜂も始めた……、こういう叙述が続くのである。まさに広義の立体農業（山業）によって、津具の山村が「乳と蜜の流れる郷」に変貌していくすがたを描いたのだ。地元の一部青年たちにも影響を与えていたようだが、残念ながら林政はこういう山村開発を後押しせず、主として針葉樹林の人工造林政策を推し進めたのであった。

なお同じ∧山業∨的な山村開発構想は、同じくフォルケホイスコーレを淵源とするといわれた農村青年共働学校・岡本利吉（1885〜1963）にもみられることを、あわせて指摘しておきたい（『農村問題総解決』）。

(6) 農民道場とはなんだったのか？

それでは、フォルケホイスコーレ理念からの逸脱であった日本国民高等学校は、今日評価すべき点はないのだろうか。ここでも郷土教育運動と同様、地方の課題に密着した農村教育現場にまで降りていくと、様相は異なってくる。

日本国民高等学校を総本山として、1934年にいわゆる農民道場（正式名称：農村中堅人物養成施設）が全国20か所に設置された。1934年といえば、もはや土の教育運動はみられず、郷土教育運動も変質しかけていた時期である。農村窮乏から脱するため、一方では経済更生運動──自力更生運動が全国展開されていた（郷土教育も自力更生運動に巻き込まれ、滋賀県島村は模範村に指定された）。郷土という空間ではなく、農民という〈人〉に直接対象を絞った施策が農民道場の日的だった。

私はかつてこの農民道場のうちのひとつ、大阪府三島郡（現茨木市）に設置された藍野塾の卒業生49名（1935年卒〜1943年卒）にアンケート調査を実施したことがある（『農本思想の社会史』京大学術出版会）。

その結果を紹介すると、農民道場は比較的裕福な農村青年の自己実現の場であったことがわかる。時代は逼迫していた。昭和10年代という時代は、例えば土の教育運動が展開されていた大正期の、自由や教養への憧れにも似た知識欲だけでは説明できない。間近に迫ってきた戦争の足音にどうやって自分の靴をなじませるのかを考えるほうが、多くの農村青年にとってはより現実的な問題だった。また同時に、じっさいの農業経営をいかに効率的に進めるかというもうひとつの現実にも関心が強かった。先のアンケートにこう回答してくれた卒業生がいる。

藍野塾で教わった茄子の作り方を帰って始め、市場に出しました。これを見た近所の方々が一人増え二人増えて作り始め、やがて村中の方が作り始め、今では白木茄子として有名になり、他村でも多く作られています。誰も茄子の生みの親を知る人がいませんが、私一人心の中で喜んでいます。

ここからいくつかの特徴をつかむことができる。抽象的な理念とその具現化された実態とは齟齬が生じること。生活での関心こそ知識や理念の身体化が生じやすいこと。身体化された知識や理念は身近な技術（誰でも利活用可能な技術）となること。この身近さの連鎖が地域構造を変える可能性をもつこと。したがって重要なことは、知識や理念を身体化し、身近なものに変換することだといってもいいかもしれない。この点において、農民福音学校が実際的な農業技術、農業経営法を伝授できたからこそ一定の普及があったのと同じことである。

１９３４年全国20か所に設置された農民道場は、１９４３年には全国54か所にまで拡大した。そして戦後は経営伝習農場を経て、「断絶」と「連続」をはらみながら、多くは県立農業大学校へと衣替えし現在に至っている（伊藤淳史「農業者研修教育施設（農業大学校）の展開過程―農民道場の戦後―」『農業経済研究』第75巻第3号、２００３年）。

（7）「土」を愛する人物の育成

最後に、立体農業を中心として農民福音学校が育てようとした人材像をまとめておけば、「三愛主義」に要約できるであろう。三つの愛とは、神を愛し、人を愛し、土を愛する、ということだ。キリスト教的な用語としての神は、しかし賀川は「宇宙の意志」「宇宙の生命」ともいいかえているので（『全集』第６巻、１４８頁）、自然の意志に従うという土の教育運動の人材像と共振するだろう。自然の必然律に自らの意志で従うとき自由がある、という石川三四郎の言葉を思い起こしていただきたい。さらに協同組合が賀川や杉山の初発の構想だったことを思い返せば、連帯を重視した土の教育運動の地域構想とも重なり合う。

土を愛するとは、土づくりを重んじる篤農家をめざしたわけではない。土と人を愛することは、固有の土地という場所とそこを生活の本拠とする人びとを含む地域＝郷土を愛することにほかならない。農民福音学校は、フォルケホイスコーレと同様に、民衆＝農民の教育を通して、民族精神＝郷土愛（土と人を愛する）と普遍的な理念の獲得（神を愛する＝宇宙・自然の意志に従う）をめざしたのであった。

敗戦後、農村の民主化・近代化の過程で４Ｈクラブ（Head〈頭〉、Heart〈心〉、Hands〈手〉、Health〈健康〉）がつくられ、「考える農民」の育成がめざされた。自分の頭で考え、判断し、決断し、行動できる農民だ。ここに農民福音学校＝日本型フォルケホイスコーレが共鳴しあう。また「儲かる農業」ではなく「食える農業」をめざしたことも、とりわけ戦後復興期の食糧難の時期には適合的であった。しかし、立体農業は食えても手間暇のかかる農業経営であり、高度経済成長の過程で農業の工業化による経済的・物質的な豊かさを希求し始めた農民の意向をくみとるものにはなりえなかった。こうして、基本法農政の前に立体農業構想は敗れさるのである。

けれども、個人を中心に農民福音学校─立体農業─三愛主義は生き続ける。藤崎盛一（１９０３～98、香川県豊島）、久宗壮《ひさむねつよし》（１９０７～85、岡山県津山）など、賀川立体農業の継承者たちが、それぞれの場で実践し、共鳴者を獲得し、一部の地域づくりにも影響を与えた。そして、今日に至るまでその系譜が継続していることを忘れてはなるまい[11]。

５　地域と教育の「場」の発見
―江渡狄嶺の思想―

（１）江渡狄嶺という人物

ここまでの三つの節では土地に根ざした教育運動を「運動」としてみてきたが、この節ではひとりの人物を通して横断的かつ垂直的に地域と教育の思想を掘り下げてみたい。その人物とは、すでに何度も名前をあげてきた百姓哲学者・江渡狄嶺（１８８０～１９４４）である[12]。

江渡狄嶺

狄嶺は生前「畸人」とも呼ばれたように、東京帝大に入学するも、卒業しないままトルストイアンとして帰農する（１９１１年）。その後、帰農実践にかかわる二冊の著書『或る百姓の家』（１９２２年）、『土と心とを耕しつつ』（１９２４年）を立て続けに出版して反響を呼ぶが、のちにこの二冊の著作は未熟だったとして認めなかった。その後、農民自治会運動に関与し、小田内通敏や三澤勝衛らとも親交を結び、1935年に家塾「牛欄寮」を自宅に開設、集まった弟子たちに彼の発見した場の思想を説いた。1939年、その独特の場の思想を開陳した『地涌のすがた』を刊行し、敗戦前の1944年に亡くなっている。

彼の人生は、天啓としての帰農（トルストイズムという借り物の思想の実践）から、地涌への反転（現場にとどまりつつ現実から物事を考える姿勢）としてとらえることができる。そして44〜45歳頃（1925年頃）「場」を発見したのだった。狄嶺はのちにこう述懐している（『選集』下、96頁）。

始め私は百姓の生活はいゝと理屈附けたが、結局それが破れた。それからいゝとか悪いとかいふ理屈を抜きにして、百姓の生活は決してわるい生活ぢやない。わるい生活でなければ、その中に何かあるに違ひない。だからそうした理屈などを捨てゝ私の生活を、その家といふものをまともに見詰めて行つたら本当のものが生れるのではないかと、四十頃にどうにもかうにもならなくなつて気が附きました。それで四十頃からまあそうした方に自分の考へ方を集注するやうになりました。で、ポツポツ大体の見当がついて来まして、四十四五の時「場」といふことを考へ付いてから、モー自分としてはチットも疑ふことのないところに立つことが出来ました。

狄嶺の発見した「場」とはいったいなんだったのか。おそらくこの場というものが、ここまでの三つの節で概観してきた土地に根ざした教育運動の根っこに相当するだろうと思われる。

(2) 狄嶺の提起した場

狄嶺が発見した場とは、「あらゆるものごとのありどころ」「〈ニュートンのいう〉第一原理〈のようなもの〉」「一つの根本の所」……など、定義めいた文言は出てはくるのだけれど、あまりに抽象的すぎてよくわからない。

そこでとりあえず、狄嶺の発見した場を、すべての事象（物事）に存在している根拠＝Xだと考えてみたい。認識のある到達点だといっていいかもしれない。このXを発見し、Xに立つとき、事象の意義をつかむことができると狄嶺は考えた。ただしXは必ず個別具体的な事象Aにおいてしか発見することはできない、ということが重要な点である。無数の書物を読み込んでも場は見いだせない。場は具体とともに存在する抽象なのである。

そしてXに立って事象Aをみるとき、事象Aは自分にとって意味の軽重で結ばれた事象A'に変換される。意味づけをされることで、死んだ事象が生きた事象として蘇るのだ。主体的真理の獲得といってもよい。狄嶺は三澤の風土産業論を高く評価しながらも、こういう注文をつけている。「まだ場という考えまではきておらず、郷土地理としての見方であるが、もう一歩突き進んでこれを場として見るとき、はじめて思想上の問題にしても哲学上の問題にしても、一切の問題を考えてゆくことができるのである」（山川時郎編『場の研究』59頁）と。

「場として見るとき」、事象Aから出発しつつも、事象Aは意味の身体空間に再配置された事象A'に変換されるのである。この変換いわば一種の認識革命をもたらすことが、狄嶺の場の教育論なのである。

(3) 単校教育論

狄嶺は教育に対して特別の思いをもっていた。「教育は、私の、唯一の永久の『仕事』である。教育は、未来の予言である」(『選集』上、211頁)。狄嶺は自分の子どもを学校に通わせず、家庭(Home)の中に魂の教育である教会(Church)と知識・実業教育である学校(School)をもち、これを「H、C、S、少年詩国」と名づけて教育実践を行なった。

また「私の教育といふものは深さに於て、広さに於て、哲学宗教の分野に亘って居る、といふよりは生命に直結して居る人間の教育こそ、それらのものの根柢である」(『選集』下、233～234頁)と語る狄嶺にとって、教育はたんなる知識教授ではありえない。生命=農を根柢に置き、人格教育、技術教育を含めた概念よりもさらに広い概念が、狄嶺のいう教育である。だから狄嶺によれば「教育とは開発や教化ではなく変革」(『選集』下、233頁)だ。「変革」とは、成長・成熟というよりも、芋虫が蝶に羽化するような、質的変化をあらわしている。

この質的変化は、それぞれが場を発見することで生じる。なぜか。場を発見するとき、数多の事象はその深層で互いにつながりあっていること、違いを越えて共に同じ地域をかたちづくっていること、だから地域間の違いと同時に構造的な同質性=同じであることへの理解が生まれるだろう。この〈同じことつながっていること〉に気づくことで、バラバラにみえる個人個人も本当は孤立していないことを悟り、地域に（その自然・社会・文化環境に）生かされていることを自覚するからである。

場の発見に向けて、狄嶺は理想的な教育方法論を提示している。それが「単校教育論」である。単校とは、家・村と一体化した学校といったらよいだろうか。学校の中の地域／地域の中の学校という概念に近いかもしれない。「教育の場は単校、単校の場はイエ、ムラ」（『選集』下、238頁）という狄嶺の言葉があるけれど、学校が家と村の臭いを消し去り、都会や世界という外への拡張と立身出世という上への上昇をめざしていた状態を反省し、学校を家と村の中に埋め戻す試みを提起している。狄嶺は単校を「コペルニクス的転回」だと呼んでいるが、ベクトルの向きがたしかに正反対だ。外へ・上へではなく、内へ・下へなのだから。

この方向は、当然ながら郷土教育運動の方法と共鳴しあう。じっさい狄嶺は小田内通敏らとともに山口村調査に参加し、「『村の研究の家』から」と題する論考を寄せている（『農村教育研究』最終号）。この「新しい協働」（小田内）という試み（第2節参照）に対し狄嶺はこう賛辞を送った。「これこそはホントーに村の『内からの、そして下からの』研究プラン」だと。単校が内へ・下へと掘り下げていく教育であっても、そこでおしまいではない。場を発見して、「内からの、そして下からの」研究＝現実の地域問題に対する実践を行なうことが、単校教育の最終的な目的だった。

（4）私と公の共存

それでは狄嶺の構想した地域像、場に立って地域をみたとき、みえてくる地域像とはいったいどんなすがたをしていたのか。地域経済の在り方から確認してみたい。

狄嶺は資本主義を全面肯定してはいなかったが、社会主義がいいとも考えなかった。戦時下に入ると統制経済が跋扈《ばっこ》するようになるが、統制に対しては批判的だった。私経済か公経済か、どちらが優れているのかというような議論もなされたが、狄嶺はどちらにも与していない。そもそも狄嶺は二項対立的な思考をもたない。場の思想は変換＝くぎられないという特色をもつ。狄嶺は場を水になぞらえる。「土地は区切られる可能性が多いが、水はくぎられない。従って土地は立場的になり易いが、水は本来的に場的である」（『場の研究』１３０頁）。

現実から出発する狄嶺は、資本主義経済をひとまず肯定してみせる。「私は私経済的な考え方です。これは大事な点です」。ところがここからが狄嶺の真骨頂だ。「この私経済的な考え方を場としてみるとき、公経済的な考え方と一元的になる。これが場としてみるところの妙味です」（月舘金治編『只管百姓』〈狄嶺研究の会第四集〉１３８頁）。この「場としてみる」思考法を〈地涌の思考法〉と呼んでおきたい。土の教育運動が「土からの」を強調したが、その姿勢を理論化していると考えることもできる。

地涌の思考法をもう少しわかりやすく説明しよう。私たちの生活は私経済（＝A）の上に成立している。しかし私経済を「場としてみる」、すなわちXに立って私経済Aをみるとき、AがA'に変換されるということだ。A'とは何か。ここの文脈では公経済である。A（私経済）はA'（公経済）に変換されるが、重要なことはくぎられないこと、A⇕A'という流動性が担保されているということだ。

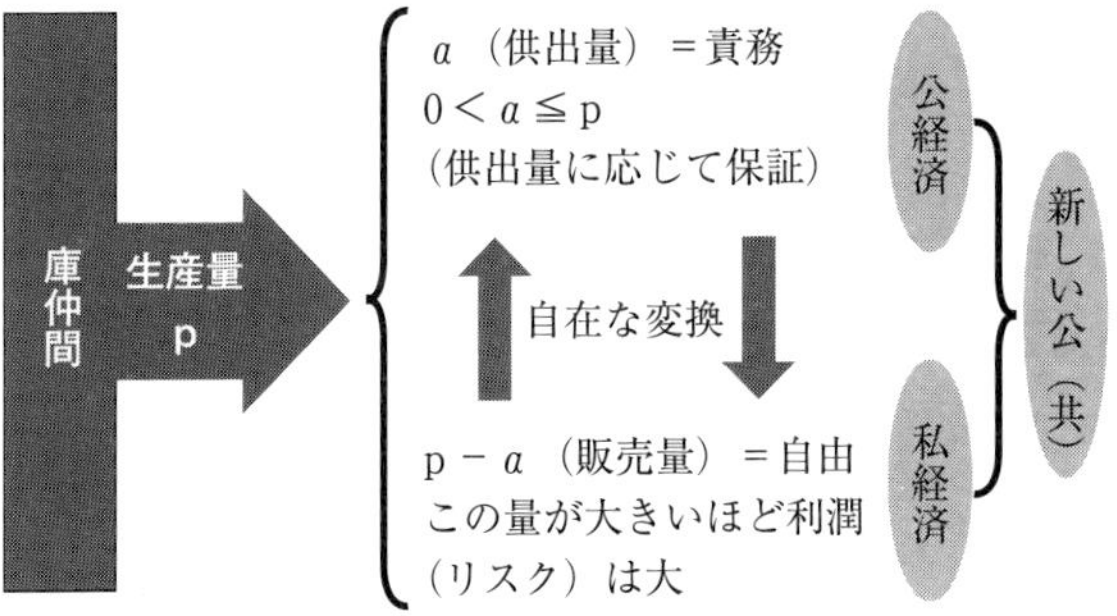

図1-2-2　私経済と公経済の自在性

この具体的な意味内容を狄嶺の農業政策論から確認できる。彼は「庫仲間《くらなかま》」という「信義誠実の仲間」（『選集』下、209頁）、現代流にいえばNPO法人的な農業生産法人を担い手とした新たな地域経済（農業経済）を構想した。その仕組みはこういうものである（図1－2－2参照）。

まず庫仲間の生産量をpとすると、そのうちの一定量（α）を生産物倉庫に供出しなければならない。ただしこの供出量αは庫仲間の裁量にゆだねられる。供出量α分は一定の価格で国家が買い取るが（＝公経済）、残量$p-\alpha$は自由に市場販売できる（私経済）。すなわち生産者である庫仲間は、$0<\alpha\leqq p$の範囲で公経済に依拠しつつ、$p-\alpha$の範囲で私経済的な利潤追求ができるという仕組みなのである。$p-\alpha$をゼロに近づければ近づけるほどリスクが小さくなり、安定化はするけれど利潤は限られる（＝公経済）。逆に$p-\alpha$を大き

くすればするほど、リスクも膨らむが利潤も増える可能性がある（＝私経済）。このくぎられない流動性こそ、私経済が公経済と一元化するという意味だと思う。

実現可能性はともかく、原理的には明快だ。いわば「公」にもなりうるように位相転換された「私」は、くぎられない「私」と「公」の相互関係において立ち上がる「新しい公（共）」であるといえないだろうか。

（5）連帯をベースにした自律

さらに私たちが問わねばならないことは、私経済と公経済の一元化が意味する地域像である。土の教育運動の自治社会論は、自律と連帯をベースにしていると書いた。理念としては首肯できても、その根拠と実現への筋道が不明瞭だった。それに対して狄嶺は、農業に焦点を合わせて次のような「フエルデルの原則（農民憲章）」を提唱している。簡潔に示しておこう（『選集』下、202頁）。

（1）Ｐの原則（農業生産は特殊であること）
（2）Ｇの同質異質の原則（農業生産物を貨幣原理で扱ってはならないこと）
（3）Ｗのやりとりの原則（農産物は生命の根であること）
（4）Rightの原則（農民は公において守られるべき権利を有すること）
（5）Standの原則（農民の身分を国家は保証すること）

ここでいうＰは生産物、Ｇは貨幣、Ｗは商品を指す。生命を生産する農業は市場経済原理で扱うべきでなく（つまり農業生産物はPであり本質的にはWではない。したがってGの原理に支配されてはいけないということ）、農民は権利（Right）としてその身分（Stand）が保証されるべきことを提案する。狄嶺は「おほやけ」という言葉を使っているが、さしあたり国家であろう。「公」による保証という前提を受けて、初めて「私」が生き生きと開かれるのである。「公」による保証が連帯を意味し、連帯を前提にして自律が可能になるという仕組みを狄嶺は構想したのではなかったか。狄嶺は「物建性原理《ものだてせい》」と呼ぶが、非商品経済原理の謂いであり、地域の論理に基づいて価格設定すべきことを提案していたように思う。この意味では、フェアトレードの考え方にも近いだろう。

しかし「公」が国家である必然性はない。「新しい公（共）」を体現する生活空間は、公私がくぎられずに共存する空間であるならば、連帯において生存がまず保証され、自律において市場競争に参入できるような仕組みを、一定の地域圏で確立すればいい。すでに流域圏ではそうした動き――一方では水源税のように下流部が上流部を支え、他方では上流部も下流部の支援の上にたって資源の価値化を通して自律を図るような動き――が始まっている。こうした地域圏のかたちこそ、第１章でみた相互依存関係の具現化である。

（6）場に立つ教育

公私が共存する地域空間には、新しい担い手が必要だ。デンマーク型教育論では、日本国民高等学校が支配的となった結果、フォルケホイスコーレの本来理念は歪められた。身体の解放をめざしたデンマーク体操が、日本精神を注入するための身体訓練的な日本体操に歪められたように、「行」という新しい教育理念が日本国民高等学校をも覆うようになる。狄嶺はこうした状況を鋭く批判していた。いま場の教育と行の教育とを対比的に比べてみよう（前者が場、後者が行）。

①日常生活の内（生活）／日常生活の外（錬成施設）

②いま・ここの本質追究／身体訓練を通したイデオロギー注入

③自然に学ぶ（「自然は師」）／自然の征服（開墾・開拓）

戦時下に流行する行の教育は、たんに知育から体育へと振り子が振れただけで、知育を超克したわけではない。むしろ身体訓練は思考停止の手段として利用され、一種の洗脳効果をもたらした。狄嶺にはフォルケホイスコーレや農民福音学校への言及はみあたらない。だが場の教育方法は、神を愛し（宇宙の意思に従うこと）、人を愛し、土を愛する（その具現化が土地の価値を全的に活用する立体農業である）「三愛主義」と共鳴しあうところは少なくない。

「教育の本質は、所謂教育しないことである。私はこれを絶対教育といふ」（『選集』上、２１２頁）と逆説的に語った狄嶺は、土＝地域がもつ教育力に期待した。しかしここで一点だけ留意しておきたいことがある。土＝地域の教育力がすべてを解決するわけではないということ、場の教育を行なっても物事の意味を知りつくすことはできないということだ。いま・ここの立場から場をつかみ、その場から全体をみる地涌の思考法は、意味を理解できない存在にもなんらかの意味＝存在理由があることを確信する思考だということである。

戦争への思想的コミットメントは積極的に行なった狄嶺であったが、それでも場という空間を、すべてを包み飲み込んでしまうブラックホールのようには考えなかった。日本の場は国体であっても、諸外国の場はちがうからだ。ただ場に立つとき、原理的には異なる場の存在を互いに承認する。意味を知りつくそうという欲求は、同一の形式を異なる存在にも強要する態度と重なる。異質さの共存を認める寛容さを場の思考はもっていた。

6　土地に根ざした教育の現代性

(1) 農村は国体の最終細胞？

ここまで大正・昭和初期の地域と教育にかかわる土地に根ざした思想をみてきたが、あえて現代という地点からその可能性をすくいとろうと努めてきた。もちろん土地に根ざした教育思想には批判もある。例えば戦後近代主義・民主主義において、郷土＝農村は前近代・封建性の象徴として批判されてきた。かつて丸山真男はこう述べている（『日本の思想』岩波新書、46頁）。

部落共同体は、その内部で個人の析出を許さず、決断主体の明確化や利害の露わな対決を回避する情緒的直接的＝結合態である点、また「固有信仰」の伝統の発源地である点、権力と温情の即時的統一である点で、伝統的人間関係の「模範」であり、「国体」の最終の「細胞」をなして来た。それは頂点の「国体」と対応して超モダンな「全体主義」も、話合いの「民主主義」も和気あいあいの「平和主義」も一切のイデオロギーが本来そこに包摂され、それゆえに一切の「抽象的理論」の呪縛から解放されて「一如」の世界に抱かれる場所である（傍点原文）。

たしかに農村（＝「部落共同体」）の組織原理や地縁組織が動員の道具として利用されたのは事実である。けれども現実の農村の置かれた状況はもっと複雑で屈折していた。慢性的な向都離村を引き起こしていた工業化・都市化の進展の中で疲弊し、「卑農観」が蔓延した農村も少なくなかった。農村（農業、農民）は明らかに経済的敗者であった。そうしたなかで、もし経済的敗者としての農村の存在意義を国家が認めてくれればどうであろう。農村にとどまった（とどまらざるをえなかった）人びとは喜び、自地域への誇りを感じたにちがいない。例えばある農民道場卒業生が、「自我を農業を通じて実現するといふ土の教育も握つたんだ」（「大阪朝日新聞」１９３５年11月24日）と語っているが、その心情にはようやく自らの存在意義を確認できたという安堵と自負がよくあらわれている。

すなわちこういうことではなかったのか。リアルで露骨な経済的敗者という現実がたしかに一方にあった。しかしその傷を癒すかのような、バーチャルで甘い政治的勝者という幻想が他方で提示され、ここに飛びつくことで自己の存在意義を確かめる農村の現実もあったのだ。この揺れ幅の中で戸惑う農村こそ、真の現実のすがたに近かったのだと思う。土地に根ざした教育運動は、まず農村の経済的敗者という現実から出発し、その原因を追究し、政治的手法ではなく教育的手法によって、地道に、しかしより根底からの変革をめざしたのだった。ここには希望があった。しかしその希望を現実化しえないうちに、幻惑的な政治的イデオロギーに加え、土木事業という国家の経済戦術（昭和恐慌下の救農土木事業による雇用創出・農家所得増大）に、教育的変革に基づく地域再生の可能性を奪い取られてしまったのではないか。

だから私たちはいま、この中断された作業を再開し、凍結した可能性を地域現場で解凍することが求められているだろう。

(2) 普遍的な技術vs.固有の風土

丸山の批判はたしかに鋭いが、その鋭さは、前述したような現実の矛盾に満ちたすがたに蓋をして、農村に単一のレッテルを貼りつけた結果の産物であろう。国体イデオロギーとは別の次元でなされた農業経営、例えば「白木茄子」の生産地に発展したというような地域のダイナミズムは、この鋭さからはスルリとこぼれおちてしまう夾雑物にすぎない。だが現実とは、この夾雑物のような多数の矛盾と矛盾のぶつかり合いのなかで折り合いをつけながら、生成し変容していくものであろう。

そう考えるとき、土地に根ざした教育運動は、けっして思想的な鋭さを求めたわけではない。矛盾を矛盾として把握し、その矛盾をどう生活化するのか、その矛盾からどうやって自律と連帯の地域社会を建設するのか、どうやって郷土を愛し地域振興に専心する人材を育成するのか、この産みの苦しみのような、かすかな希望に賭けようとした運動の歴史としても読むことができるだろう。

むしろ、矛盾をもたない普遍的知識志向が弊害をもたらしてきたことに留意すべきだろう。例えば農業技術の分野に限定すれば、明治30年代に確立した明治農法が、その後土壌と品種の改良を中心とする「土」と「種」の原理に基づく農学を発展させていく。おいしいコメとして人気の高いコシヒカリは、明治期に老農が開発した「亀の尾」を原型とし、その後農事試験場の品種改良で生まれた「陸羽一三二号」「農林一号」などを経て誕生した。「土」と「種」の技術に研究特化した成果は、地域性の制約に拘束されない品種をつくりだそうとした。技術は普遍志向をもつ。学校教育が推し進めた、都会志向の地元を捨てさせる教育に呼応しているだろう。

もちろん普遍技術も地域現場におろされ実用化していかねばならない。その摩擦葛藤のなかから、普遍技術といえども地域性を獲得していったことは否定できない[13]。だが土地に根ざした教育運動は、まず初めに地域現場があり、そこから固有技術を立ち上げようとした。狄嶺の〈地涌の思考法〉は、抽象的にみえるけれど、その心は「地涌」という言葉どおり、固有性から普遍性へというベクトルにあった。風土論を展開した三澤勝衛も、こうしたベクトルをもっとも明瞭に表現していたひとりだった。彼は農学の技術偏重に警鐘を鳴らし、こう述べていた（「風土と農業経営」「信濃毎日新聞」１９３３年５月５日）。

〈我が国農学の進歩は著しく、土壌と肥料に限定してもその刊行物は１９３２年中で約１０００

におよぶ。」併しこゝに其注意を要する事は斯様に学術の進歩の結果は、其経営殊に其生産に当つて技術一点張りに傾き易い危険性を過分に持つて来て居る事である。即ち自然に出来る作物を作るといふ考へよりも、是が非でも腕で作り上げて見せるといふ思想が強く働いて来て居ることである。

「農学栄えて農業滅ぶ」の言葉があるように、三澤がもっとも大切にした視点は、地域の固有性の表現形としての「風土」である。そして風土を生かした技術の利活用によって「風土産業」を興し、地域を振興する道筋を提唱していたのであった。したがって、地域振興を担う人材は風土に明るくなければならない。風土に学び、それを「体験化」（＝知識を身体化）した人びとでなければならない。地元を捨てさせる教育の方向とはちがう。三澤の提唱した方向は、土地に根ざした教育の方向でもあり、この延長上に地域再生があるはずだ[14]。

（3）現代の地域に学ぶ

三澤の構想した方向は現代にも通じている。地域に学ぶ手法は、一方では地域学があり、他方ではいわゆる総合学習がある。だがそういう区分けよりも、学校の中の地域／地域の中の学校という相互乗り入れがふつうに行なわれるようになっている。狄嶺流にいえば「単校教育」である。

例えば、校区に不耕起農法の田んぼをつくり、子どもと地域人が一緒になって新しい故郷を創造し

東京都町田市の大蔵田んぼ。2001年、大蔵小学校の５年生が地元の農家から田んぼを借りて体験学習を行なったことをきっかけに、卒業生の保護者が中心となった「大蔵田んぼを育む会」が運営して、毎年、不耕起稲作栽培を続けている。大蔵小学校だけでなく近隣の小学生や大学生も参加する貴重な体験の場となっている

た事例（町田市立大蔵小学校）。伝統の和紙生産を公民館（高齢者）と子どもたちがともに復活させた事例（飯田市立下久堅小学校）。子どもたちが地区に出かけて行ってお年寄りと交流し炭焼きなどの実践を行ない情報発信する事例（亀山市立白川小学校。以上、拙稿「校区コミュニティを創る」『食農教育』２００３年７月、11月、２００４年３月）。多くの似たような事例が全国には存在するだろう。

その特徴をまとめれば、第一に、小さな範囲・身近な場所を対象にしている点。新渡戸稲造の戒めの言葉を思い出していただきたい。「小さな自治」の効果的な実現範囲として校区が注目されている（校区コミュニティづく

り）。

第二に、地域の根っこを掘り下げようとしている点。下久堅小の事例は、自信を喪失した地区が、かつて「全村紙漉き成村」と呼ばれていた地域文化に目をとめ掘り下げたプロジェクトである。伝統＝時間だけではない。固有の地域空間（自然環境）や諸組織（関係）という根っこの掘り下げの場合もあるだろう。

第三に、対象と全的なかかわりをもとうとしている点。大蔵田んぼは田起こしや代かきをしない不耕起農法田であるが、荒地から水田をつくり、田植えから収穫、調理、食事まですべて丸ごとの体験をする。下久堅の紙漉きも、よく観光スポットでやるような、つまみ食い的ないいとこどりの紙漉き体験ではない。楮《こうぞ》の栽培から刈り取り、黒皮をたくり、煮て細かくして、フネとコテで紙を漉き、さらに卒業証書や凧を制作する丸ごとの体験である。だからある男子児童は、「紙は友だち」だと書くまでに成長した。

これらは地域人とのつながりを内包しているが、このことで子どもたちに、あるいはかかわった大人たちにいったい何が起こるのか。私は身近さの回復が起こるのだと思う。

（4）身近さの回復――〈逆さま遠近法〉の修正――

現代社会は〈逆さま遠近法〉に浸食されている、私はつねづねそう考えてきた。絵画技法の遠近法とは、同じ平面上に、近いものを近くに・遠いものを遠くに描く手法である。だが私たちの身のまわりでは何が生じているか。遠いものが近くに・近いものが遠くに、という逆立ちした現象が生じてはいないだろうか。

近場の農産物は食べられず、身のまわりの小さな出来事には関心をもたず、顔をつき合わせながらも携帯メールでやり取りをする……、こんな奇妙な現象が奇妙ではなくなってしまった。映像を通して飛び込んでくる地球上のあらゆる出来事、海外から短時間で空輸される食料品、Eメール通信による瞬時のコミュニケーション……、こうした状況がリアルに私たちの生活を覆い、遠近の距離が等しくされて同一平面上に配列されているかのようだ。別の言葉でいえば、目の前にあるという〈間近さ〉と、身をもって知っているという〈身近さ〉とが乖離してしまう現象が生じているのである。それが現代の地域社会で生じている現象だ。

土地に根ざす教育がめざしたもの、現代からみてもっとも大切なことのひとつが、この意味での身近さの回復だったのではないだろうか。もちろん大正・昭和初期には、今日のような逆さま遠近法現象はなかった。けれども、土から離れていく、郷土から遠のいていく、そういう現象が急激に生じ始めていた時代だったので、もう一度土に戻る（いや土から考える）、郷土を見つめなおすという鋭い問題意識が、喫緊の課題として浮かび上がってきたのだろう。「生活」「主体化」という重要なキーワードこそ、身近さの回復を意味している。

身近さの回復とは、目の前にある〈間近な〉諸事象が、自分にとって意味のある〈身近な〉諸事象に変換されることである。例えば蛇口をひねれば出てくる水が、じつは○○川から取水され、○○川はその源を□□山に発し、そこに暮らす山の人びとが水源を守っている、また○○川は△△海に注ぐのだけれど、途中のダム開発によって砂がたまり、砂浜がなくなってしまった、近所のおじいさんから「子ども時代はよくあの海辺で泳いだものだ」と言われてびっくりした……、こういう空間と時間のつながりを知り、それがいま・ここに生きている自分とどういう関係にあるのかを理解することである。すなわち間近な事象Aが身近な事象A'に変換されることだといえる。これが身近さの回復なのである。

（5）場を発見する

だから、いまは土も郷土も荒廃しているが、私たちはまずここに依って立つことがもっとも大切なことだと考える。それが場の発見・回復につながっていくからである。

序章で、場とは∧開かれ、生み出し、包み込む空間∨だと述べた。さらに場には、∧構造としての場∨と∧認識としての場∨がある。外なる場と内なる場といってもいいかもしれない。狄嶺が繰り返し強調してきたことは、認識としての場、内なる場のほうである。場に立つとは、認識の一定の到達点に達することであり、事象Aを事象A'に変換する認識空間を発見することだ。

だが狄嶺はとくにふれていないけれど、外なる場＝構造としての場も存在することを指摘しておかねばならない。構造としての場は、私たちの外側に広がる固有の住環境がもつ固有の雰囲気である。どんな住環境も固有の雰囲気を有する。異質な人を拒む閉鎖的で硬い雰囲気もあれば、誰をも受け入れてくれる開放的で居心地のいい柔らかな雰囲気もある。快適な住環境は、そこに人びとが住み、長い間にわたるさまざまな働きかけを通して維持継承されてきた空間であり、この空間には時間と関係が深く刻み込まれている。とくに人の手が行き届いた里地里山のような空間は、とりわけ時間と関係の奥深さが感じられるだろう。土の教育力とは、このようなたくさんの襞《ひだ》をもった構造としての場＝外なる場のもつ力を指す。この場はまた、私たちが活動を通して変えていくことのできる空間でもある。

間近な諸事象が身近な諸事象に置き換えられるとき、他人事だった無機的な地域は、急に生き生きとした自分事としての意味ある地域に一変する。こういう認識転換された人材を育てていくこと、そのことでこうした人材はなんらかの活動にできる範囲でとりかかるはずだ。それが土地に根ざした教育のめざすべき目標である。その対象は子どもに限らない。大人も同様だ。根っこを掘り下げる作業を継続すること、それが土地に根ざした教育の意図したところではないだろうか。

（6）場の教育でこそ、地域と教育が再生する

したがって、土地に根ざした教育とは、地域に学び、学びの主体が変えられ、今度は地域づくりの広い意味での担い手として、地域に働きかけ地域を変える。そして変わった地域から再び学び、自分の認識の更新を通して、その思いが再び地域にはねかえる。こうしたフィードバック・システムが繰り返されるところに、土地に根ざした教育の特色がある。この土地に根ざした教育のプロセスが〈場

の教育∨である。

場の教育は、学び手の認識を変え（認識としての場に立つとき、他人事的な事象の自分事化が生じる）、その結果学び手は地域づくりの担い手として、さまざまな地域資源に働きかけ種々の活動を起こす主体になるだろう。こうした人びとは∧場をもつ主体∨だといえる。土地に根ざした教育運動が育成しようとした人材こそ、地域振興の情熱とそのなんらかの技法を身につけた∧場をもつ主体∨だったといえないだろうか。

∧場をもつ主体∨は認識としての場に立つ人びとである。∧場をもつ主体∨の活動は、構造としての場を変える活動を起こす。目を外に向け、他地域にあるモノを自地域にも造ることで地域の発展を考える人びとの発想とはちがう。また普遍的な技術至上主義を信じて、技術力によって自地域を力ずくで改善しようとする人びとの発想とも異なる。三澤勝衛はこのことをよくわかっていた人だった。だから「たんに言葉や文字・文章だけの上の修得であって」「手や足がその物や地に着いて」いない「頭だけの学問」（『著作集』第2巻、141頁）を鋭く批判したのである。こういう人びとこそ地元を捨てさせてきた教育の産物なのであり、土地に根ざした教育運動が乗り越えようとした教育の在り方だったのではないか。

∧場の教育∨∧場をもつ主体∨、そして∧場の豊かさ∨へ、場という観点から土地に根ざした教育運動を読解するとき、現代の類似の動きを相対化し、意義づけ、またなんらかの示唆を与えることができるだろう。

次章では、場の教育の着地点として、現代の地域づくり運動からさらに考察を深めてみたい。

注

（1）大正自由教育運動に関しては中野光『大正自由教育の研究』（黎明書房、1968年〔1998年再刊〕）、農村教育運動に関しては小林千枝子『教育と自治の心性史―農村社会における教育・文化運動の研究―』（藤原書店、1997年）、郷土教育運動に関しては伊藤純郎『郷土教育運動の研究』（思文閣出版、1997年、増補版2008年）、デンマーク型教育運動に関しては宇野豪『国民高等学校運動の研究』（溪水社、2003年）などをあげておきたい。以下、これらの書物からの参考・引用は文中に略記して記載する。

（2）例えば昨今ブームの感がある「食育」について、2005年制定の食育基本法の「前文」ではこううたっている。「子どもたちが豊かな人間性を身に付けていくためには、何よりも『食』が重要である」。そのとおりだと思うけれど、手放しでは賛同できない個所が散見される。とりわけ「国民運動」として家庭、学校、保育所、地域等が中心になって食育運動を推進しようと呼びかけられることに違和感を覚えるのは私だけではないはずだ。じっさい歴史をひもとけば、近代日本で、あるいはナチスドイツで、あるいは有機農業運動で、食を対象にした動員がすでに行なわれていた事実に気づくだろう。そこでは「正しさ」を上から一方的に強要されていく過程があった。この過程で私たちは、いったん立ち止まってじっくり考える余裕を奪われてしまった。いったん立ち止まることの大切さを歴史は教えてくれる（池上甲一・岩崎正弥・原山浩介・藤原辰史『食の共同体―動員から連帯へ』ナカニシヤ出版、2008年）。

（3）石川三四郎の言説は主に次の書物に収められている。『石川三四郎集』（筑摩書房、1976年）、『石川三四郎著作集』（全８巻、青土社、１９７７〜79年）、『石川三四郎選集』（全７巻、黒色戦線社、１９７６〜84年）。「複式網状組織論」に関しては「社会美学としての無政府主義」（『著作集』第３巻）を参照。

（４）第３節では、郷土教育連盟の雑誌『郷土』（創刊号（１９３０年11月）〜第６号（１９３１年４月））、『郷土科学』（『郷土』の改題、第７号（１９３１年５月）〜第17号（32年３月））、『郷土教育』（『郷土科学』の改題、第18号（１９３２年４月）〜第43号（34年５月））からの引用はすべて号数だけを本文中に記すにとどめる。なお本雑誌はすべてエムティ出版より復刻されている（１９８９年）。

（５）明星学園長・赤井米吉（１８８７〜１９７４）は、「郷土愛は国家愛の基だとも、郷土愛を養成することは国家愛を養成する所以だとも断定出来ない」（「郷土愛は国家愛になるか」『郷土研究』第25号、１９３２年11月）とし、「如何に」を問うていた。しかし文部省は郷土愛＝国家愛であることを強調するのみで、このカラクリに解答は与えていない。例えば文部省督学官・森岡常蔵は『実験教育学』の著者ライの学説を引き合いに出し、「年と共に郷土の概念は拡がつて行く、而して拡がつた極は祖国と一致する」。だから「郷土を広き意味に解すれば之を国家と考へて宜しい」と結論づけてはいるが（文部省普通学務局編「郷土教育に対する所感」『郷土教育講演集』刀江書院、１９３３年）、赤井の問いへの解答にはなっていない。おのずと郷土（愛）が国家（愛）へと拡充することが前提とされているのであるが、こうした∧自然性∨を強調することが家族国家観を基調とする国体論の特徴であったといえるだろう。

（６）「東北学」だけではない。金子勝氏は、青森県大畑町で活躍しているまちづくりＮＰＯ法人「フォーラムin大畑」のリーダーが「もともと私たちは日本人ではない」と語っていることを紹介している。自分たちのルーツは１４５７年であるという。なぜならこの年、下北連合が南部藩とのたたかいに敗れて併合された年、すなわち大和王権に屈した年をアイデンティティの原点に据えているのである（「過疎地の想像力」『世界』2001年7月）。「国民の歴史」ではない、＜地域人の歴史＞の大切さが浮かび上がる。

（7）ここで郷土愛、郷土主義に対してふつう祖国愛の訳語として用いるパトリオティズム（Patriotism）を用いて国家主義（Nationalism）と区別したが、鶴見俊輔氏がG・オーウェルのエッセイ（「右であれ左であれ、わが祖国」）に関して次のように解説している考えに依拠している。「オーウェルがこのエッセイで説いた祖国愛（パトリオティズム）は、時の政府に対する服従ということではない。日本語ではむしろ郷土愛という言葉のほうが、近い。おさない時からおなじ土地にそだち、そこで同じ言葉をつかって一緒にくらしてきたものの間にうまれる親しみが、人間を底のほうから支えるという思想である」（G・オーウェル〔鶴見俊輔ほか訳〕『右であれ左であれ、わが祖国』平凡社、1971年、298頁）。

（8）自由大学とは、農村に一流の知識人を招いて最先端の講義を聴講できる私的な教育機関の名称である。杏村と農村青年・山越脩三との交流から1921年11月に信州上田で始まった（信濃自由大学）。杏村は自由大学をこう定義する。「労働する社会人が、社会的創造へ協同して個性的に参画し得るために、終生的に、自学的に、学ぶことの出来る、社会的、自治的の社会教育的設備だ」（「自由大学とは何か」）と。ほぼ同時代の農民自治会（農自）とどうちがうのか。小林千枝子氏によれば、農自は心身ともに村の内側に向かう教育であったが、自由大学は教養主義だといわれるように「身は村共同体にありながらも心は『教養』取得によって村から離れようとする面があった」（小林前掲書〔注1〕、252頁）という。

（9）賀川豊彦の思想は今日改めて検討すべき内容を多々含んでいる。『賀川豊彦全集』（全24巻、キリスト新聞社、1962～64年）を参照。また2009年は賀川献身100年を記念してさまざまなイベントが行なわれた。あわせて賀川の伴侶であった賀川ハルに関する史料も刊行された（三原容子編・解説『賀川ハル史料集』全三巻、緑蔭書房、2009年）。

（10）農民福音学校については、木俣敏「農民福音学校とは何か」（一）〜（五）『農民クラブ』1950年11月〜51年3月、立農会『農民福音学校』（1977年）、星野正興『日本の農村社会とキリスト教』（日本キリスト教団出版局、2005年）などが詳しい。

（11）例えば中国山地・岡山県久米郡久米町（現津山市）の久宗壮は賀川立体農業を戦後も継承し実践した（久宗壮『生命の樹に賭ける—立体農業のすすめ—』富民協会、1979年）。また一番長く続いた農民福音学校は、藤崎盛一が始めた瀬戸内海の豊島農民福音学校で（藤崎盛一『農民教育五十年』豊島農民福音学校出版部、1976年）、1982年まで継承された。その卒業生の中には戦後地域づくりのリーダーとなった人物もいる。例えば「メルヘンの里」で有名な岡山県新庄村では、農協の組合長、村長を三期務めた渡辺粂蔵が藤崎の主宰する豊島農民福音学校の卒業生（1947年）であり（前掲『農民福音学校』）、コミュニティビジネスをはじめとするさまざまな村づくりの土台を築いた（関満博・足利亮太郎『「村」が地域ブランドになる時代』新評論、2007年）。また現在、農民福音学校精神を継承したコミュニティ再建運動が豊島で展開されているようだ（石井亨「今なぜ農へ—『フォルケホイスコーレ』から考える豊島の未来—」『環』Vol.40、2010年）。さらに立体農業が環境適合的な有機農業やパーマカルチャーの先駆的農業経営であった点をも高く評価すべきであろう（星野前掲書〔注10〕）。

（12）江渡狄嶺の著作は今日入手しにくいが、全体的に彼の思想をとらえるには『江渡狄嶺選集』上、下（家の光協会、1979年）が便利である。またもっとも新しい研究書として、斎藤知正・中島常雄・木村博編著『現代に生きる江渡狄嶺の思想』（農文協、2001年）をあげておきたい。

（13）例えば安城地域では、愛知県農事試験場と農業補習学校とが連携して技術を地域に落とし込む努力をしていた歴史をみてとることができる。「〔桜井農業補習学校では愛知県農事試験場が開発した稲の新品種「栄神力」「愛知朝日」などを〕率先して栽培したり、改良苗代の普及に努めたり、作物病害虫の駆除を工夫したりした。そしてそこで得られた成果を、絶えず地域に還元し、村の農事改良を進める中心となった」（安城市史編集委員会『新編安城市史　3　通史編近代』2008年、452頁）という。

（14）三澤勝衛の書いたものは、『三澤勝衛著作集』全4巻（農文協、2008～09年）でほぼ読むことができる。

第3章　場の教育が希望を創る

1　地域を希望の空間に変える視点

(1) 現代でこそ必要とされる「場の教育」

序章でふれたように、現代は矛盾に満ち溢れ、その矛盾は地域社会という身近な場所に集約的に蓄積されていく。地域おこしがある種の危機感をバネにして立ち上がるように、おそらく矛盾のないところに活動のポテンシャルはない。その意味で、現代は再生への条件が十分に成熟しているといえるだろう。じっさい矛盾の中には小さないくつもの希望の芽がみられ始めている。これらの小さな芽を大切に育て、互いにつなげ、共に動いていくことが肝要であろう。

第2章でみてきた土地に根ざした教育の思想史・運動史を、私は「場の教育」という観点から整理して提示した。当時はまだ可能性にすぎなかった理念や、個人単位でしか実践されなかった動きでさえ、現代はその理念が具現化されつつあったり、共鳴の輪が広がってムーブメントを形成したりしつつある。矛盾に満ちた現代の地域が、むしろ積極的に場の教育を育んでいるといえるかもしれない。

例えば「校区コミュニティ」が全国で報告され始めている。学校と地域とが連携融合し、目標を共有してコミュニティづくりの自治経営を行なう実践だ。ここには場の教育の理念が幾重にも流れ込んでいる。狄嶺の単校理念が形式的には一番近いが、より具体的にいえば、小さな・身近な場を対象に地域に学ぶ姿勢、しかも生活化・主体化をめざす実践である点（郷土教育運動）、学校・自治会・NPO・行政など異なる原理の重層的なネットワークで構成されている点（土の教育運動）、また子どもや高齢者、お母さんやおやじたち、場合によっては外国人など多様な人びとが、自分たちの専門や特技や個性を活かしたプレイヤーとして自校区を愛し、その再生のために動いている点（デンマーク型教育運動）など、表面的なかたちは異なるとはいえ、土地に根ざした教育運動の理念が現実化し始めていると私は考えている。

2008年に訪れた高志小学校（新潟県上越市）の総合学習を確認して、あらためてその思いを強くした。高志小では、子どもの生活の外にあった神社や祭りを、大人たちへの聞き取りなどによって生活の内側に置き直し、田んぼに引かれる用水を10kmもたどって外とのつながりを体験する教育実践をしていた。子どもたちは、ここに人びとが住んで文化や生産が守られてきたことに驚きと感謝の念をもってダンボール神輿をつくったり、遠くから引かれる水に思いを寄せながら大切に米づくりをしたりと、さまざまな事象を「ただの風景」ではなく「生活の一部」へと自分事の連鎖として変換をしているのである（舘岡真一「『地域に生きる子ども』を育てる授業とは」『農村文化運動』１８９号、２００８年）。

このような小さな自治だけではない。手づくり地域経済（地域通貨、コミュニティビジネス、ＮＰＯバンク、１％条例など）ともいうべき新たな潮流が、暴走するマネーに対抗して地域で芽生え始めている。また山村部の痛みに共感し、地域間の支え合い（相互依存関係）のための制度づくりも立ち上がっている（森林環境税、水源税、水源基金など）。こういう小さなたくさんの実践活動と、それを担う多数の小さなプレイヤーたちが出現している現代こそ、場の教育が活かされる時代であるといえないだろうか。

こうした現実をふまえて第3章では、場の教育を理論的に整理しつつ、現代の地域づくり運動に連動させながら、その可能性を提示してみたいと思う。

(2) 地域の存在論――人が住んでいることに意義を――

そのために、まずはいったん立ち止まって、地域とはいったいなんなのか、という根源から議論を始めていこう。根源から地域を見つめなおすときに、より確かな希望が定着すると私は考えるからだ。けれども希望を所有と結びつける限り、おそらくその希望は歪んだものとなるにちがいない。地域の希望とは、まず地域の存在論を確立することにある。地域の存在論とは、〈地域に人が住んでいる〉という事実だけに存在意義を認める立場を指す。これまでの議論との関連づけを示せば図1−3−1のようになる。

地域に人が住んでいるという事実は「定住」である。この定住に地域の土台がある（存在論）。これは「公共圏―連帯」の領域と軌を一にしている。他方、地域をどう認識するのかという問題群は、地域にどんな資源があるのかを探すことと関係している。そして資源を商品化して地域を売りだしていく。この地域の認識論の領域は「市場経済―自律」に連なるだろう。現実には、存在論抜きの、認識論だけで地域の価値判断がなされる場合がほとんどであるが、本来、地域の認識論は地域の存在論を土台とするべきだ。したがって、地域の価値は二重構造としてとらえなければならない（価値論の二重性）。

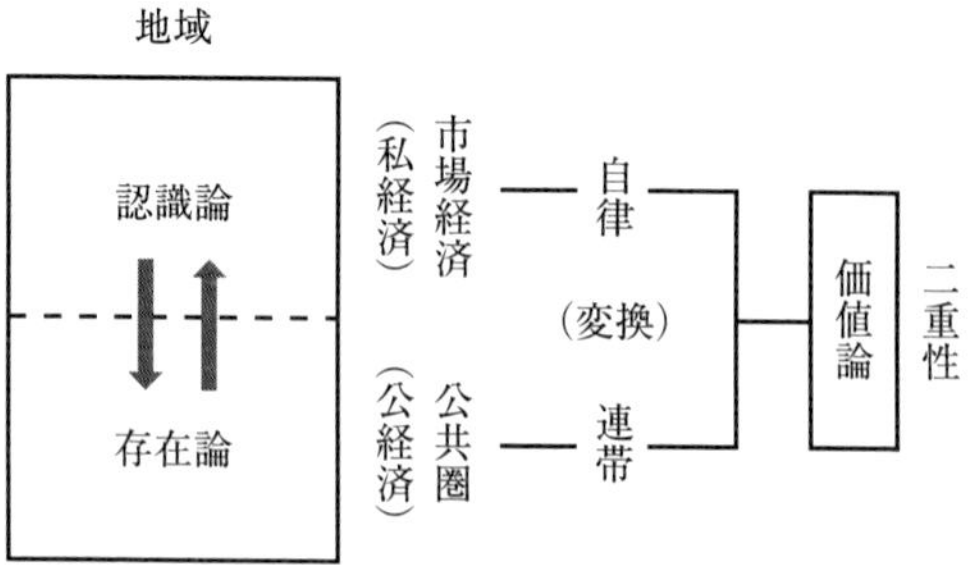

図1−3−1　地域の存在論・認識論・価値論

存在論抜きの価値論は、市場経済というモノサシのみで地域の存在価値を計測する結果を招く。そうである限り、多くの地域は足を骨折したダチョウさながら、ただもがくのみであろう。骨折してアフリカの大地を走れなくなったダチョウにも幸せになる権利がある。走れるかどうかだけで価値を計測されたならば、多くの農山村は存在意義が低くなってしまうだろう。

(3) 多面的機能論の落とし穴—費用対効果へのすり替え—

そこで登場したのが多面的機能論であった。ここ10年ほど農山村の価値を考えるとき、必ずといってていいほど引き合いに出される考え方である。1999年の「食料・農業・農村基本法」（以下「新基本法」とする）では第三条で「多面的機能の発揮」がうたわれている。

国土の保全、水源のかん養、自然環境の保全、良好な景観の形成、文化の伝承等農村で農業生産活動が行われることにより生ずる食料その他の農産物の供給の機能以外の多面にわたる機能（以下「多面的機能」という。）については、国民生活及び国民経済の安定に果たす役割にかんがみ、将来にわたって、適切かつ十分に発揮されなければならない。

1961年の農業基本法が農業生産の近代化に焦点を合わせ、経営規模の拡大や選択的拡大などの施策によって農業所得向上をめざした方向とは隔絶の感がある。しかし多面的機能論にも落とし穴がある。

地域に人が住まうという事実と多面的機能がどうつながるのかという問題だ。新基本法第三条には、農業生産の派生的効果として多面的機能が説かれるだけであって、どこにも人が登場しない。

「農業生産活動」は人が担い手ではないかと反論されるかもしれない。だが、その人は定住者に限定されない。域外からの勤め人でもいいだろうし、極端なことをいえばロボットでもいい。かろうじて「文化の伝承」で定住者の役割が出てくるが、皮肉な言い方をすれば、「文化の伝承」自体が重要なら ば映像資料として残ればいい、ということにもならないだろうか。

こうした落とし穴の理由は、多面的機能論が地域を二重の他律化の中に押しやっているからだと思う。というのも多面的機能論とは、第一に国民（多くは都市民）にとってメリットがあるという外部効果論であり、第二に地域の存在そのものではなく「機能」が強調される＋α論だからである。逆にいえば、多面的機能という外部効果をもたらす＋αがなくなれば、その地域に存在意義を見いだせない、すなわち切り捨ての対象に転落しかねないという論理構造をもっていないだろうか。

費用対効果の論理によって、地域維持のための必要経費と多面的機能がもたらす価値とが比較され、その結果前者が後者を上回るなら、例えば森林管理署の拡充による集中管理で対応できる、したがって強制移住＝戦略的撤退をしたほうがよいという判断が下されないとも限らない。私たちは、多面的機能という＋αにかかわる機能論では、定住することの意義を積極的には導き出せないのではないか、だから＋αではなく、人びとが定住する地域そのもの（存在論）に価値を見いだす必要がある。

（4）「空間の履歴」という考え方——暮らし続けてきた空間——

そのための示唆に富む考え方が、哲学者の桑子敏雄氏より提起されている。桑子氏は自然環境の開発―保護論争を受けて、「空間の物神化」を鋭く批判する。すなわち開発派も保護派も、空間それ自体ではなく、「その空間の価値をその空間のなかに存在するモノの価値に置き換えようとする志向」に陥っているという。(1) すなわち、空間の価値を、その中の要素の価値で代替してしまっているのである。だが空間は要素を入れるたんなる器にすぎないのか。そうではあるまい。人間の暮らしてきた空間は、要素の種類や多寡とは無関係な「身体空間」というべきだ。「身体空間」こそ人間活動を刻印する意味ある空間（「空間の履歴」）なのである。

この桑子氏の論理を採用するならば、希少生物が生息するから大切だという環境保全の論理は、希少生物も美しい景観も珍しい伝統芸能もないたんなる「身体空間」は、どんなに「空間の履歴」が豊かに富んでいようともなんら価値がないと断定しているに等しい。これでは何も誇るべき資源がないと嘆く地域は救われない。同じことが多面的機能論にもいえるだろう。国土保全、水源涵養、景観形成など、空間の存在にではなく、そこに＋αの機能が付与されて初めて価値があるという論理であるからだ。繰り返すが、この論理は定住（集落維持）を根源から支える論理にはなりえないだろう。

さらに桑子氏は「空間の豊かさ」という概念を提唱する。「空間の物神化」という要素主義ではなく、空間自体に刻み込まれた履歴を重視するという認識転換である。この空間認識は、しかし主観的であり（そこに暮らしている人にしかわからない！）、こうした固有の価値を他地域に暮らす人びとが理解するのは難しい。機能論に毒されている私たちには、理解が及ばない困難さをはらんでいる。

(5) 主観を理解する—かけがえのない個、支え合う公共—

　ここで私たちは、江渡狄嶺の場の思想を思い起こしたい。認識としての場に至るとき、私たちは固有の事象であっても、単独で存在していないばかりか、閉域空間を越えた広がりの中でつながりを有する、という事実を理解する。固有性に潜む普遍性の発見である。違いを尊重できるのは、自分も同じだという確信がベースになっているからだ。〈同じであることとつながっていること〉の確信は、各々の主観が固有性の中で孤立させられることなく、合意形成するうえでの土台となることを強調しておこう。

　また狄嶺における地域の公私構造に関する議論は、公にも私にも開く可能性を秘めた空間だった。要素の種類や多寡を競う空間は、市場経済の領域にこそふさわしい。そのこと自体を否定はしない。だが、この意味での空間は機能論的空間を越えることができない。一方「空間の履歴」に依拠する「身体空間」は本来、公共空間である。なぜかといえば、この空間は私たちの経験がしみ込んでいるという意味では私的空間なのであるが、「場として〔この私的空間を〕みるとき」、公共性に開かれるからである。

　もう少し詳しくこの転換の意味するところを説明しよう。「空間の履歴」とは、その初発時は私的空間である。個々人の経験に関する「空間の履歴」を、他人は代替できないからだ。しかし、その私的空間を「場としてみるとき」、ふたつの意味で誰もが共感可能な空間へと変わる。ひとつは、誰が住んでいるどんな地域であっても、「空間の履歴」をもつ「身体空間」だという意味では∧同じ∨であるから。もうひとつは、同一行政圏に限らず河川の流域圏や共通文化圏などの広域地域圏内の個別地域は、互いに∧つながりあっている∨。地理的に連続していなくても、連携協定を結んであったり、同じ課題を抱えていたりなど、遠く離れた地域間でつながりを有する場合もある。こうしたふたつの事実、∧同じであることとつながっていること∨によって、私的で個別の「身体空間」は誰もが共感可能で普遍的な公共空間になりえるだろう。しかもこの意味での公共空間は、人びとの感情の奥底から支えられる領域である。

ところで、ソーシャル・ワーカーの向谷地生良氏が中心となって経営している「浦河べてるの家」（北海道浦河町）という施設があるが、そこでは精神的な病を抱えた人たちが「安心して絶望できる」家をめざしている（『安心して絶望できる人生』ＮＨＫ生活人新書）。幻聴をはじめとするさまざまな症状を抑え込むのではなく、解放し皆で分かち合い（同じであることとつながっていることの確認）、症状とうまくつき合うという逆転の発想で貫かれている。

同じように∧安心して絶望できる地域∨、ここから出発してみることができないだろうか。安心して絶望できる地域とは、相互依存関係で結ばれた地域間連帯が機能している空間である。この連帯の空間が公共空間にほかならない。もう一度繰り返そう。何か特別な希少資源があるから地域に価値があるわけではない。文化遺産がなくても、観光スポットがなくても、希少生物が生息していなくても……、そういう意味では何もなくていい。人びとが場としてそれぞれの「身体空間」をみる（認識＝

理解する）とき、固有の「身体空間」が自分にも関係する普遍的な公共空間に変換されるのだ。この変換が重要なのである。そのためには、認識としての場に降り立つための場の教育が必要となる。

（6）地域の認識論―地域ブランドの根源にあるもの―

もちろん地域ブランド化による競争を全面否定しているわけではない。ただそのブランド化の成功と地域の存在価値とは別次元であることを肝に銘じておくべきだ。

あるもの探しの手法にも通ずるが、それは地域資源をどう認識するかにかかわっている。無価値であった資源に新たな角度から付加価値を与えるということは、ある特定の視角からそれに意味を与えることである。認識を経なければ意味は発生しない。もちろん「ある特定の角度」とは市場経済的価値の視線である。ほとんど注目されていなかったツマモノに目を留め、それを過疎山村の高齢者でも扱えるようにビジネス化をしていく手法には、もちろん学ぶべき点は多い。だが繰り返すけれど、上勝町に価値があるのは、ツマモノ生産で年商2億6000万円も稼いでいるからではない。それ以前にここに人びとが住み続け、固有の地域性を守り育ててきた、ということが前提となっているはずだ。本来、地域の認識論は、資源という要素やその利活用のしかたにではなく、地域という空間そのものに価値を認める存在論を前提として考えなければならない。

かつてE・フロムは『生きるということ』（紀伊国屋書店、原題：To have or to be?）で、所有―消費が支配する産業社会から存在―連帯が活かされるポスト産業社会への転換を展望した。どこの地域も所有物（希少資源）の優劣を競い合い、オンリー・ワンという名のナンバー・ワンを主張するのならば、各地域は終わりなき前進運動に疲弊するだけであろう。常に追われ新しい特産物を創造し続けなければならない。その結果、初めの高揚感はやがて疲労感へと変質してしまう。結局ひたすら記号としての場所を消費し続けるしかなくなるのである。

地域の個性を引き出すための、あるもの探しやブランド化戦略は、地域の存在論を土台としたとき真に力を発揮できるだろう。まず地域の存在論に基づき、公共的な支え合いという連帯の空間が立ち上げられる。この空間は、農村（地方）と都市が互いにもたれ合う〈共依存関係〉ではなく、都市もその責務を果たす〈相互依存関係〉へと転換された領域だ。だからこの空間では、偏在している富の再分配がめざされ、必要最低限の住民生活が保証されることを可能にする。しかしそのような消極的な意義だけではない。責務と権利の正当な交換に基づく相互依存関係の空間からは、人も含む多様な資源の広域的なベスト・マッチングやそれにともなう新産業や新たな雇用の創出、また既存の縛りを越えた広域的なガバナンスに基づく新たな連帯経済——地域通貨、ソーシャルビジネス、ＮＰＯバンク等——が立ち上がる可能性も秘めている。もちろん意欲のある地域は、積極的に市場経済の扉を開き、農商工連携や観光事業などの地域ブランド化を通して、地域の魅力を発信する事業に参画すればいい。

（７）地域の価値論——計測されない豊かさへの確信——

こうした論点は、そもそも地域の豊かさとはいったいなんなのかという議論に展開していくだろ

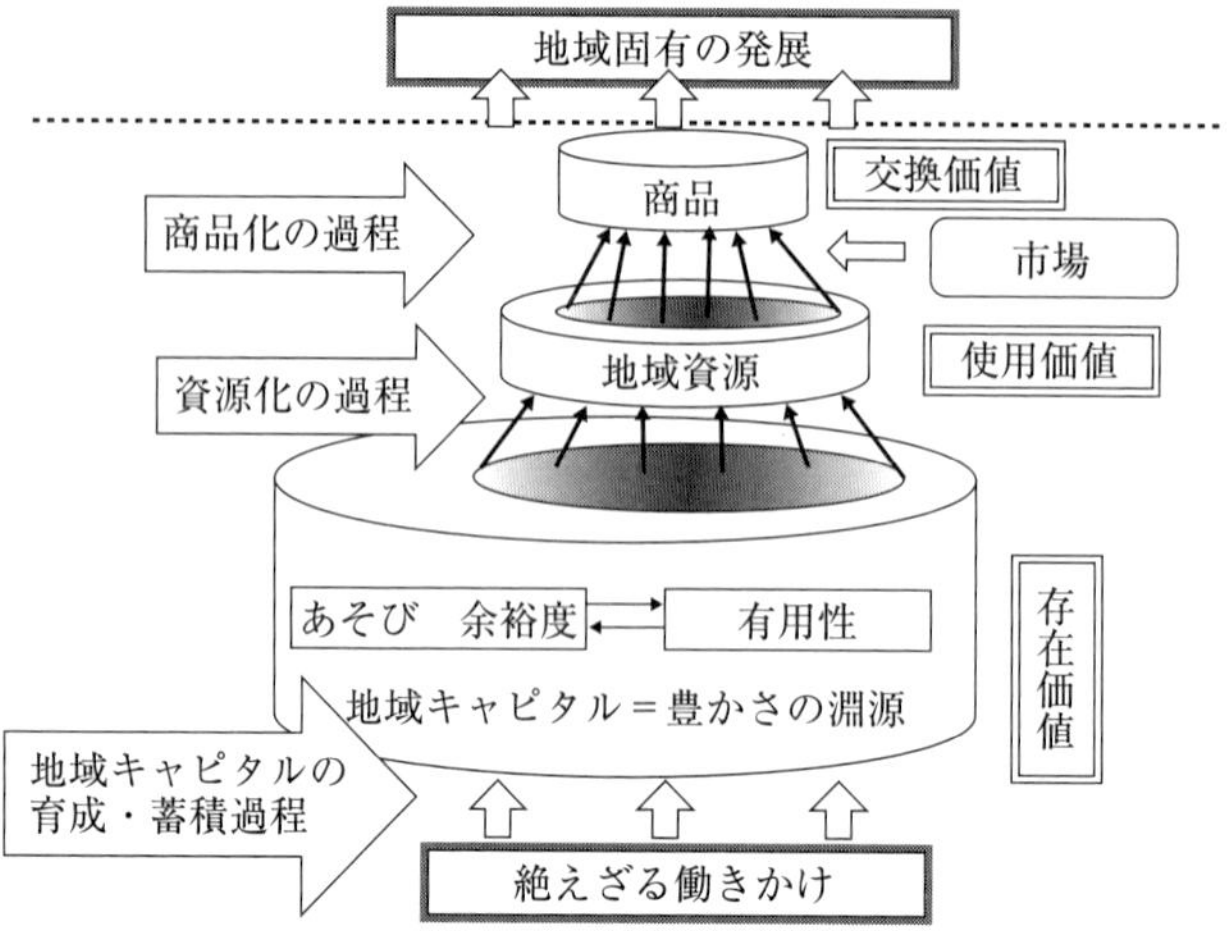

注：この図は，本シンポジウムの企画レジュメ（秋津元輝作成）に記載された図を元に作成．ただし，筆者の主張を込めて大幅に変更してある．

図1-3-2　地域キャピタルと地域固有の発展のあり方

資料：池上甲一「地域の豊かさと地域キャピタルを問うことの意味」『農林業問題研究』第173号、2009年３月。
注：図中の注における「筆者」とは池上氏を指す。

う。じっさい２００７年、２００８年の地域農林経済学会の大会テーマは「地域の豊かさとは何か」であった。

ここで秋津元輝氏は、地域の機能を〝計測〟して得られる豊かさではなく、『地域は豊かである』ということをひとつの価値として受け入れ」てしまうこと、すなわち「地域に内在する存在価値から出発」するという立場を表明している（「地域の豊かさへのアプローチ」『農林業問題研究』第１６９号、２００８年３月）。この秋津氏の立場は、これまで述べてきた地域の存在論から立ち上がる価値論と同じであろう。地域の豊かさに関し、要素に分解し、その要素の種類や多寡を計測するのではなく、まさに地域は豊かなんだという開き直りともいえる態度を支える根拠が、おそらく人びとがその地域に住み続けてきたという、「空間の履歴」を刻み込んでいるその事実にある。

この「地域は豊かである」という既成事実を、なんとか眼に見えるかたちにあらわしてみたいと思うのだが、現時点で私がもっとも共鳴しているのは、地域農林経済学会における大会テーマである「続・地域の豊かさとは何か」での「地域キャピタル」という考え方だ。座長解題を行なった池上甲一氏が、「地域キャピタル」と地域固有の発展のあり方に関して図示している（図１－３－２、「地域の豊かさと地域キャピタルを問うことの意味」『農林業問題研究』第１７３号、２００９年３月）。「地域キャピタル」とは、いわば地域資源の土台ともいえるもので、「存在価値」を意味している。池上氏の問題提起で重要なのは、必ずしも資源化＝使用価値化されない「無用のもの」＝「あそび、余裕」が地域資源の価値発現には重要なのであり、この程度や水準が地域の豊かさではないか、という論点である。

池上氏のいう「地域キャピタル」＝「存在価値」の領域は、人びとの「絶えざる働きかけ」によって育成・蓄積される。これが「空間の履歴」にほかならない。人びとの広い意味での活動の総体が、意識するとしないとにかかわらず、地域の存在価値を維持し向上させる源泉なのである。

（８）資本・国家と地域との関係──地域の自律性の確保──

さて、以上の論点を受けつつ地域を考えるにあたって、どうしても再考せざるをえないふたつの力がある。いうまでもない、資本と国家である。市場経済化の圧力の中で地域はどう対応したらいいのか、中央集権化の統治権力の中で地域はどう自律性を確保すればいいのか、こうした問題と真剣に向き合わざるをえない。地域再生に向かう教育も、この問題を考えておかなくてはならないはずだ。「地域を場としてみる」ならば、つねに二重性において把握する必要がある。近年の資本と国家と地域の関係を荒っぽくいえば、新自由主義の暴力（規制緩和による公正な市場競争という名のもとでの実質的な不公平さの拡大）に、新保守主義のイデオロギー（格差や不公平感を繕うためのコミュニティ強化、人と人との絆の強調）を結合させることによって、地域の反乱と崩壊をかろうじてつなぎとめているかのように映る。経済的に敗北した農村・地方を、政治的な甘言によって敗者ではないかのように騙《かた》った、かつての国体イデオロギーと類似していないだろうか。だから実際は地域の疲弊がいっこうに止まらないのだが、むしろ地域自身、国家や資本に拘束されつつも、自律性を高め、新たな方向を模索し始める動きが強くなってきたように思われる。

例えば、国家の統治力に対し、ガバナンスもしくは「新しい公共」が、たしかに各地でみられ始めている。私が居住している豊橋市は愛知県の東端に位置しているが、すでに20年以上も前から、愛知県（三河）・静岡県（遠州）・長野県（南信州）の三県境を越えた地域圏づくり（三遠南信地域《さんえんなんしんちいき》）が動いている。ここ数年は住民運動も力をもち、新しい地域のかたちを指し示すガバナンスの実験場として、国も注目し始めるまでに至っている。

資本に抗する力も始動し始めている。一方で場所の消費は否応もなく進んでいるとはいえ、それを逆手に取った地域ブランド化戦略もみられるようになった。もちろん地域は商品ではない。本章冒頭で少しふれた手づくり地域経済の動き、例えば地域通貨（エコマネー）、コミュニティビジネス（ソーシャルビジネス）、NPOバンク（コミュニティバンク）などの活躍、あるいは1％条例（住民税の1％をまちづくり団体等へ寄付する条例。2005年市川市で初めて導入された）のような制度改革も報告され始めている。

こうした地域のエンパワーメントと呼ぶべき事態は、国家や資本の内にありながらも、その力をときには逆用し、ときには抗いながら、それを越えていくような存在としての地域像である。それは「地域国家論」（大前研一氏）のような、メガコンペティション下での地域生き残り戦略とはちがう質のものだ。市場経済の内にありながら、市場の暴力から守られる公共空間をもち、同時に市場も巧みに利活用するようなしたたかな地域像である。だからこの節で述べてきたやや抽象的な理屈は、けっして現実を無視した夢想ではないと私は考えている。むしろ課題となるのは、その担い手をどうやって育てるのかにある。

一人ひとりの地域住民がプレイヤーとなって形成するネットワークこそ、相互依存関係に基づく新しい地域像の屋台骨である。地域間の支え合い＝連帯のネットワークが公共空間をかたちづくり、そのうえで自律に基づく市場経済への対処ができるというしなやかな仕組みが保証されるとき、地域は希望の空間へと変換されていくだろう。そのためには、地域住民自身がプレイヤーへと変換されねばならない。

2　場の教育とは何か

（1）場のマネジメント

ここであらためて、私たち一人ひとりがプレイヤーとなるための、場の教育について整理しておきたい。

場という考え方は、自然科学・人文社会科学を問わず用いられている。狄嶺が発見した場は、物理学における電磁場、重力場、量子場などの場の理論が背景にあった。心理学における場（ゲシュタルト心理学）や、哲学でも場所をめぐる考察はギリシア哲学の重要課題のひとつだった（プラトンにおける「コーラ」と「トポス」）。近年ではフランスの地理学者・哲学者のオギュスタン・ベルクが一連の論考で場を考察している（『風土学序説』筑摩書房）。薬学・生命関係学の清水博氏もかなり早くから生命現象を場という観点からとらえていた（『場の思想』東京大学出版会）。ただ場の教育を考えるうえでは、経営学の「場のマネジメント」が参考になる。

伊丹敬之氏は、日本的経営の特色として「場のマネジメント」を提唱している。伊丹氏は経営における場をこう定義する。「人々がそこに参加し、意識・無意識のうちに相互に観察し、コミュニケーションを行い、相互に理解し、相互に働きかけ合い、相互に心理的刺激をする、その状況の枠組みのこと」（『場の論理とマネジメント』東洋経済新報社、42頁）。伊丹氏はこの定義を用いながら、場によって行なわれるマネジメントの有効性を巧みに解説しているので、私なりに解釈してみよう。

すでに特定の場が存在して、経営マネジメントがかたちづくられている。ここになんらかの外部情報が挿入される。受け止め方は十人十色であり、それぞれの理解が生じる。そしてこのうちいくつかの共通理解のグループができる（「ローカルな共通理解」）。この「ローカルな共通理解」は個々人の理解にフィードバックされ（＝「ミクロ・ループ」）、やがて「有力な全体理解」がかたちづくられる。この「ミクロ・ループ」の繰り返しにおいて、「有力な全体理解」から「統一された全体理解」が立ち上がる（＝「マクロ・ループ」）というプロセスである。この「統一された全体理解」が新たな場だ。ここでいわれる場とは、通常私たちが使う＜雰囲気＞に近い。

(2) 二重の場——構造としての場と認識としての場——

ところで、すでに確認してきたように、ここまで私が使用してきた場とは、原義としては、＜開かれ、生み出し、包み込む空間＞を意味してきた。より具体的にいえば、外と内の二重の場を想定していた。経営マネジメントでいう場とは、外なる場を指している。

外なる場＝構造としての場は、固有の環境がもつ固有の雰囲気を意味する。この場はとても重要だ。実際に私たちが暮らす地域は、地域性という名の固有の環境にともなう固有の雰囲気をもち、この中で私たちの生活が営まれる。構造としての場は時間と空間と関係の総体であるけれど、この場は可視化されたもの（自然環境や人工環境）と不可視なもの（文化、伝統、地域社会の仕組み、ＳＣなど）とが絡み合って存在している。この場を物理的な空間との関係でとらえれば、小は自治会レベルから大は複数県にまたがる広域地域までがその範囲となるだろう。ただ、この場には人びとが働きかけ、その構造・雰囲気を変えることが可能である。実際にふつうの人びとがかかわれるという点を考慮すれば、せいぜい平成の合併前の市町村レベルまで、とりわけ小学校区（ないしは中学校区）の範囲が重要となる。

さて、もうひとつ重要な場が存在する。内なる場＝認識としての場である。地域に学ぶとは、諸事象の根っこを掘り下げていくことだが、そのとき事象Ａを事象Ａ'に変換するＸという空間に立つ。この形式空間こそ内なる場＝認識としての場である。狄嶺が繰り返し強調してきた場であった。

さらに〈開かれ、生み出し、包み込む空間〉という原義から、二重の場を位置づけてみよう。外なる場＝構造としての場の本来のすがたは、どんな人びとに対しても開かれ（誰もがここに来て、語り合い、交わり、共に活動できること）、その結果さまざまな新しい価値が生み出され（新しい地域社会の新たな仕組みや規範、共有できる目標などが紡ぎだされること）、そして一致のある多様性という異質のものが共存しつつ調和をもつ（包み込む）地域空間である。こうしたイメージは場の原義からたどった理想型であり、実際の外なる場＝構造としての場は、形骸化し歪んでいる場合が多い（後述）。

それに対し内なる場＝認識としての場の理想型とは、可視的なものに依存した閉鎖的・思い込み的な私たちの認識を開き、地域の諸事象がおりなす関係性を身をもって理解する新しい認識を生み出し、さらに異なる地域（の場）の存在を受容するような認識の在り方を提示する。∧開かれ、生み出し、包み込む空間∨に立った認識は、どの地域も「身体空間」をもつという同質性（同じであること）と地域間の相互関係性（互いにつながりあっていること）という二重性において、異質を排除するのではなく、受け入れて共存する寛容の精神をも内包することになるだろう。

外と内の二重の場の関係は、内＝認識の反映が外＝構造をかたちづくり、また外＝構造の土台として内＝認識がある。いわば、両者は場のふたつのあらわれかたの相違だと考えてもいいかもしれない。

（3）場の教育の四段階プロセス

こうした二重の場を理解し、外なる場＝構造としての場に働きかける活動を引き出すことが場の教育である。この方向に向けた場の教育には四段階のプロセスがあると想定される。図１－３－３にそのプロセスを図示してみた。

まず場のマネジメントでの外部情報が、地域に学ぶこと、もしくはその過程で獲得される知識に相当する（Ｌ＝Learning）。

学び（Ｌ）の過程は、まず①自地域を知ることからスタートする。地域資源マップづくりに代表されるような「あるもの探し」のプログラムが一般的だ。いわゆる総合学習の「たんけん→はっけん→ほっとけん」の校区探検もこの位置にある。あるもの探しでは、例えばＳＷＯＴ《スウォット》分析（自地域の「強

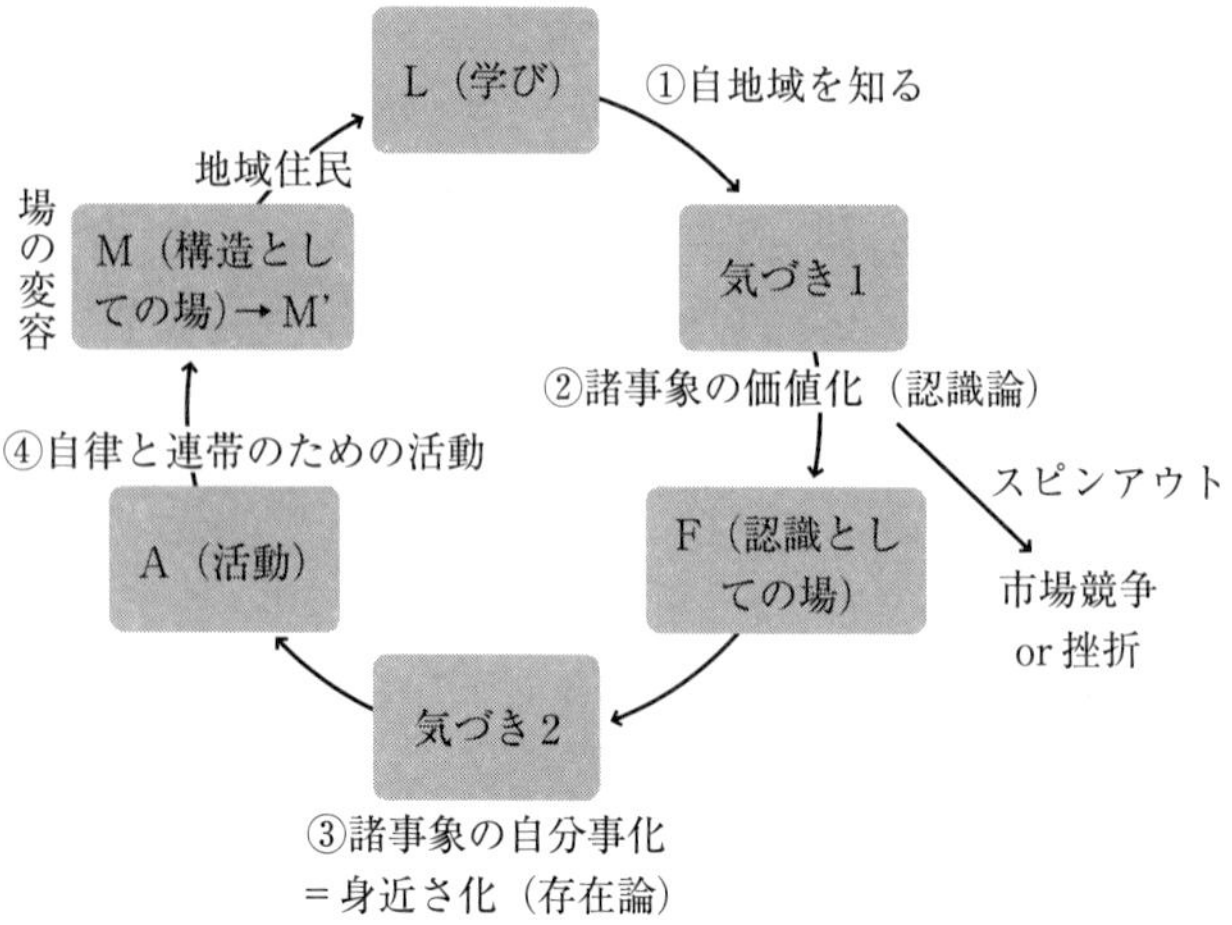

図1-3-3　場の教育の四段階プロセス

みStrengths」「弱みWeaknesses」「機会Opportunities」「脅威Threats」の4つの観点から価値化＝商品化できる資源を探したりする分析）のような手法で資源の利活用がめざされるだろう。

この過程で生じる変化は、②諸事象の価値化だといえる。これをいま〈気づき1〉と呼んでおこう。前節で述べた用語を使えば地域の認識論である。しかしながら〈気づき1〉は、認識としての場（F＝Field）に到達していなくても生じる変化である。〈気づき1〉からは、資源の商品化に向けた特産品づくり、農商工連携（六次産業化）による新産業おこし、地域ブランド化に向けた市場戦略への道などが開かれる。

だがこの段階で、場の教育のプロセスからスピンアウトする場合（たんに市場競争化したり挫折したりする場合）が多いように思う。そのうち圧倒的に多いのは挫折（ないし悪戦苦闘）するケースであろう。実際に〈気づき1〉から資源の商品化戦略にまで到達できるのは、ほんの一握りの地域だけである。第1章でも強調したように、とくに価値化できる資源がない地域、資源探しさえおぼつかない地域が少なくないからだ。私たちは、市場という地平で地域の諸事象を眺めるだけではなく、さらにもう一歩進めて、諸事象の意味を市場化云々からは離れて考えなければならない。前節で述べた地域の存在論に到達するためには、いったん立ち止まり、じっくりと構える忍耐が必要になるだろう。

地域の諸事象の価値化＝意義づけだけでなく、事象間のつながりを掘り下げていくとき、やがて認識としての場（F）に至る。その結果、③諸事象の自分事化＝身近さ化が起こるだろう。この理解は地域の存在論のレベルだといってよい。こうして（狄嶺がいうように）「場として地域をみるとき」、地域間の地下茎的なつながりにも気づくことになる。これを〈気づき2〉としておきたい。

〈気づき2〉に至るプロセスで重要なのは、「空間の履歴」が豊かな地域ほどこのレベルに到達できる可能性が高い、すなわち教育力が高いということだ。第2部の高野論文で詳しくふれられるように、農山村ほど「責任の範囲が広い」。「責任の範囲が広い」とは、かかわらねばならない事柄、働きかける対象の豊富さを意味する。空間に刻み込まれている諸関係は、人と人、人と社会、人と自然との関係であるが、とりわけ対自然との多様で多数のかかわり・働きかけ、また地域内のさまざまな仕組みやしきたりの中での多様で多数のかかわり・働きかけ、この両者をもつ点で農山村に勝る地域はない。都市の希薄なかかわり・働きかけとは雲泥の差がある。しかもそれは長年にわたる人びとの定住が生成・維持・発展させてきたことなのである。この多様で多数の「面倒くさい」「手間がかかる」事柄は、いままで否定的にとらえられてきたけれど、教育という観点から見直せば、その面倒くささ、手間暇の多さこそが重要なのであり、世話を焼かねばならぬことが多い地域に学ぶことが大切なのである。もちろん今日不要・不適切だと思える仕組みは、それに代わる新たなかかわり・働きかけを創出することで地域の関係を組み替えることが必要であるけれど、この働きかけ・かかわりの多さこそが、内なる場＝認識としての場に到達する条件ではないのだろうか。

さらにもうひとつ、あらためて指摘しておきたいことがある。地域間のつながりという認識は、第1章で少しふれた〈地域の死〉という問題に対しても別の視界を開くだろう。科学史家の小松美彦氏は『死は共鳴する』（勁草書房）において、現代の「個人閉塞した死」とは別に、中世の他人の死を共に生きた「共鳴する死」の存在を提示していた。おそらく死が日常生活の身近さの内に存在していた中世にあっては、「共鳴する死」はふつうであったのだろう。あえて想像力という必要もない。他人の死も含めて、死とは一人ひとりの生活のひとこま、身体の一部であったからだ。

上流地域が「死ねば」下流地域も「死ぬ」、こうした言説は比喩としてとられるか、さもなければ相当の想像力を要するのが現代社会である。何度も繰り返すが、身近さが遠のいた結果の産物だ。だが諸事象の自地域を越えたつながりをつかむとき、上流地域が死ねば下流地域も死ぬ、という警告が身をもった身近さとして主体化された知識となるだろう（気づき2＝③）。

この〈気づき2〉からふたつの新たな活動（A＝Action）が立ち上がる（④）。ひとつは自律のための諸活動（市場化戦略も含む）であり、もうひとつが地域間連帯のための諸活動である。これが場の教育の第四段階となる。ただし地域間連帯のための諸活動は、農村側の一方的な学びだけでは成立しえない。他地域（都市）の住民もともに学ぶ過程で認識を共有しなければならない。グリーンツーリズムも、たんなる交流ビジネスに主眼を置くのではなく、問題の共有・共感のための仕組みに戻す必要があるだろう。

またこの①→④のプロセスは、これでおしまいではない。既存の構造としての場（M＝Milieu）に働きかけ、新たに形成された場（M'）が、無関心層も含む地域住民に影響を与え、地域住民をこの気づきのプロセスへと誘う可能性がある。場が活性化するとき、地域は多種多様な活動を生み出す地域へと変貌するだろう。第2部で紹介される南魚沼市の清水地区・栃窪地区でのTAPPOの活動は、このプロセスを実践していると考えられる。

（4）農業の教育力＋地域の教育力＝場の教育力

場の教育プロセスでは、農が重要な役割を担っている。たしかにこれまでも農業の教育力は語られてきた。近代西洋思想に限定しても、例えばルソーの『エミール』（1762年）、クロポトキンの『田園・工場・仕事場』（1898年）、ベイリの『自然学習の思想』（1911年）などをあげることができる。また七戸長生・永田恵十郎・陣内義人『農業の教育力』（農文協）は、農業自体のもつ教育力に加え、地域の教育力にまで考察を広げている。

私も、農業の教育力と地域の教育力を合わせて、場の教育力を考えてみたい。愛知県東栄町の小学校5、6年生の米作り農作業体験の1年間にわたる参与観察を行なった村田裕志氏が、興味深い結論を導き出している（「農山村における内発的発展の可能性に関する研究―教育的な視点からのアプローチ―」愛知大学経済学研究科修士論文、2010年2月）。彼は6月、9月、12月の3回にわたって、子どもたちに同じアンケート調査を実施した。結論からいえば、夏の炎天下での草取り作業に従事したあとの9月アンケートでは、農業への評価が下がった。当然の結果であろう。しかし参与観察等で発見したことは、農作業体験を通して築かれる子どもたち相互の交わりや、地域人との交流ネットワークが、子どもたちのモチベーションを維持し、農作業体験を結果として有意義たらしめたという事実である。つまみ食い的ないいとこどりの体験でお茶を濁す体験学習ではない。農作業の厳しさを、地域人たちとの交わりのなかで昇華していくことが、教育上効果をもちえたのである。

私たちはこの意味をよく考えるべきである。農業はたんに農事技術だけで営まれるものではない。近年は安全・安心への欲求と完全無農薬の植物工場への期待が結合するという奇妙な現象がみられるが、教育力という観点からとらえかえせば、地域という空間の存在が不可欠である。地域空間とそこに流れる時間軸において人と自然が、また自然を介して人と人とが交わる関係の総体が農業そのものだといってよい。農業の教育力は地域の教育力と連動して初めてその真価を発揮できるのである。

２００８年に南信州で実施されたセカンドスクール事業（「子ども農山漁村交流プロジェクト」に呼応）でも、この点が明瞭にあらわれている。横浜市の4小学校合計２７２名の小学生を4泊5日のプログラムで受け入れる事業が実施された。子どもたちにも好評をもって迎えられているが、どの小学校でもとりわけ「農家の人とのふれあい」がよかったと回答されている（「南信州セカンドスクール研究会資料」）。農作業＝自然とのふれあい自体以上に、〈人〉を介した交流、すなわち地域に学ぶ交流こそ、農業の教育力を浮き彫りにさせているのである。

（5）農業の教育力と四段階の場の教育

この点は重要なので、もうひとつ事例を示しておこう。第2章第6節でも少しふれた町田市立大蔵小学校の実践から発展した不耕起農法の「大蔵田んぼ」である。

2001年、新興住宅地の一角にある20aの荒地を、学校と地域が共に一丸となって田んぼに変えた事例だ。「汚く臭い荒地」を田んぼにするため、6tもの土をバケツで運んで畔をつくり水を入れた。いやいやながら始めた子どもたちの意識が変わったのが田植えであった。「かえるが跳ね、ツバメが飛びまわり、田の隅にはへびまでいた。水はもう透き通って臭くもなくなっていた。自然の力はすごいと思った。そして何よりも、この無数にいる生物の数に僕は感動した」と、ある少年は書いている。変わることへの驚きと生物多様性のすがたに感動したのである。まず学校区の現状（荒地の存在）を知り、それを田んぼに変えることで自然のもつ価値を認識したという意味で、この段階は四段階の場の教育のサイクルに適用すれば、「①自地域を知る」から「気づき1」としての「②諸事象の価値化」に相当する。

しかしここまでであれば、多くの学校田や学校畑での農業体験と大差はない。ここから第三段階へとどうしたら移行できるのか。大蔵田んぼの事例の特徴は、不耕起農法という特殊な農法を採用したこと、だから素人集団が全面的に田んぼを育てる必要性に迫られ、そのことが飛躍のきっかけになったのだと思う。農家によるマニュアルどおりの農業体験ではなく、子どもたちに親たちも加わり、多くの手間暇をかけながら田んぼを育てることになった。カモとたたかいながら繰り返される補植作業、夏の水管理に必死に駆け回る苦しさ、スズメ対策としての労多きネット張り、そうした数々の手間暇をかけ、最後は食べるまでの丸ごとの実践をし、また収穫したコメのおすそ分けも含めた全過程を通して、あるお母さんは「田んぼが私たちの教室です」と語るまでになった。「自然は無尽蔵の図書館」（石川三四郎）だという土の教育運動の、まさに実践を行なったのである。しかもこの田んぼはやがて、「私には今まで帰るべきふるさとがありませんでした。しかし今、こうして私のふるさとが生まれました。自分達の力で創り、育て、守っていく新しいふるさとです」と、あるお母さんの認識が変化したように、田んぼが生活の中で大きな存在意義をもつことになったのだ。

ここには「自分達の力」と書かれているが、その背後には地域の人たちのつながりの中で「新しいふるさと」が生まれたことがわかる。田んぼの脇に掲げられた一種の交換日記である「田んぼ日記」には、近所の人びとにとどまらず、遠方からも人びとが訪れ、また中学生から高齢者までがこの田んぼを育てることに直接・間接にかかわった様子が記録されている。すなわち、田んぼという自然のすごさに価値を認めてもまだ他人事だった空間が、多くの苦労と手間暇をかけて「私のふるさと」という身近な空間に変わる（「③諸事象の自分事化＝身近さ化」）という「気づき2」が生じ、さらに多くの人びとが田んぼ育てにかかわるという活動を通して、大蔵小学校区の場が変容したのである。「④自律と連帯のための活動」を直接意図したわけではないが、まさに構造としての場が変容し、地域の雰囲気が良くなっている。もちろん自然自体のもつ癒しの効果もあるのだろうが、「田んぼ日記」に書かれた中学生の感謝の言葉、「期末試験前なのですが大蔵田んぼを見ると勉強に気合が入り『よし！　ガンバロー』と思えます」というような感想をみると、大蔵田んぼを育てる多くの人びと（学校と地域）の共働の力がこの自然空間に蓄積され、それが地域住民に元気を与えているのであろう。

その後、大蔵田んぼは卒業生の保護者が中心となった「大蔵田んぼを育む会」によって運営され、近隣の小学校や大学生も参加する「開かれた学びの場」となっている。

たしかに場は、校区のような小さな範囲でなら、変えることができる。そのためにも、とりわけ農業の教育力が重要なことを強調しておきたい。

(6)遠のいた農の教育力を取り戻す

場の教育力を考えるうえで、いま一度三澤勝衛の技術偏重主義への批判に耳を傾けてみよう。本来農業は、「地」「土」「種」の三層構造からとらえるべきである（図1－3－4）。

すなわち農業とは、「地」＝風土に応じて作目や農法が決定されるという特色をもつ。「土」にかかわる側面（土壌改良など）や「種」にかかわる側面（品種改良など）も「地」の性質を見極めなければ

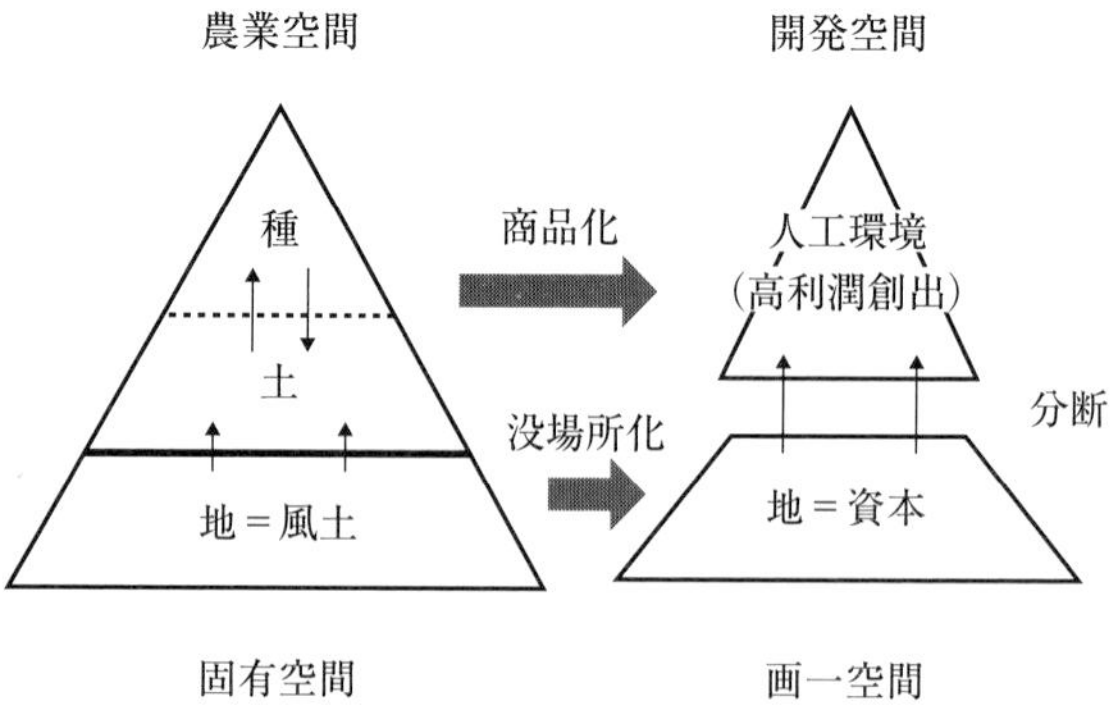

図1-3-4　農業における「地」「土」「種」の三層構造の変容

ばならない。したがって、農業とはつねに、「地」「土」「種」の三要素を、しかも「地」から「土」、そして「種」へと積み上げる営為だととらえる必要がある。ところが、近現代化の過程で、個性的であるはずの「地」＝風土は、没場所的な個性をもたない「地」＝資本だとみなす認識が支配的になり、その結果、この資本空間に何を入れるのかだけが重要になった。「地」を有効活用するという発想ではなく、「地」はより価値の高い要素を入れるためだけの空間へと改変されていく。こうして「地」「土」「種」が一体化した本来の農業は、「地」と分断された「土」「種」だけの農業へと特化していった。このほうが合理化になじみ、高利潤をもたらすからだ。そしてこの理念の延長上には、より高利潤を生み出す開発の思想が待ちかまえていたのである。

さて、三澤のいう風土とは「地」に相当する。しかし科学の手法は「地」の制約を可能な限り取り除き、実験室の中で普遍的な技術を追究する。「土」や「種」に特化した普遍的技術の追究は、人工環境のもとで生産力を伸長させた。もちろんその普遍的技術を「地」の固有性になじませるための努力はあった（第2章の注13を参照）。しかし同時にまた、「地」を普遍的技術に合うように改変する強い力が働くことにもなった。農事技術、なかでも稲作に関しては、構造改善事業などを通してこの力が貫徹していったといえる。こうした技術偏重主義に関し、つねに農業先進地域であった「日本デンマーク」愛知県安城市が興味深い事例を提示している。

不毛であった安城ケ原を肥沃な土地に変え、日本デンマークの礎となったのが1880年に開通した明治用水である。一級河川の矢作川から取水する明治用水は、井筋《いすい》――小還流《しょうかんりゅう》――小用水《こようすい》の水路網をもって安城地域内を走り、安城の顔として存在していた。この用水と地域住民との関係は身近なものだった。例えば水路総代や配水総代の選出。彼らの主導のもと川ざらえ、土手焼きなどの水慣行が継続され、また用排水反復利用・田渡し灌漑といった伝統技術は水を汚さぬようにする水とのかかわり方と意識を育んでいた。子どもたちにとっても通水された期間は水泳や水遊びなど身近な遊び場だった。ところが昭和40～50年代に生活排水等による水質汚濁問題から用排水分離への要望が高まり、開水路を暗渠化（パイプライン化）し、人びとの視界から用水を見えなくしたのである。農業の三層構造に基づいた発展ではなく、開発の思想に依拠した「地」＝風土からの分断であったといえる。

そしてこの結果、少なくとも以下の点で、住民と水との身近さが遠のいた。第一に視覚的な身近さ。第二に技術的な身近さ。等身大の伝統技術からコンピュータによる水一元管理体制が整備された。第三に人間関係の身近さ。水組織や水慣行を成り立たせていた人間関係、場所を共有した共同作業が希薄化した。第四に水意識の身近さ。こうして水との身近な関係は遠のいた。残念ながら、ここにはかつてあった水の教育力は消失している。ひとり安城だけではなく、高度経済成長期、ほとんどの地域で科学技術を駆使した開発が進められ、自然環境との、文化環境との、そして人と人との身近な関係を遠のかせたのであった。

身近さを回復するためには、いま・ここの地に足を着けるしかない。そして、おそらく農の教育力を取り戻すことが重要なカギを握るだろう。ここでいう農とは、自然となんらかのかかわりをもつことを指す。いったん隠れてしまった用水のせせらぎを取り戻す「親水」の試みも、里地里山の保全にかかわる活動も農である。農業自体の教育力ではなくても、農の教育力を活かすことが、場の教育においては大切である。

(7) 場をもつ主体——地域人の新しいイメージ——

さて、認識としての場に到達している人びとを、〈場をもつ主体〉と呼んでおこう。地元を捨てさせてきた教育は、頭だけの、普遍的な知識・技術偏重の人間を育成してきた。精神の働きだけが重視され、外へ外へ、上へ上へ、の果てしなき前進運動に浸食された人間である。それに対して〈場をもつ主体〉は、内へ内へ、下へ下へと本質という根っこを掘り続けている人間だ。

もしかしたらこんな批判が予想されるだろう。「あなたが言う〈場をもつ主体〉とは、要するに地元で死ぬまで働き続けた職人さんのことなのか」と。二点、誤解を正しておきたい。第一に、地元に残る／残らない、ということは、〈場をもつ主体〉の必要条件ではない。序章でふれたように、地元に残りたくても残れない中山間地域出身の若者を私は何人も知っている。外で暮らしてはいても、∧場をもつ主体∨は存在する。第二に、職業も関係ない。認識としての場に立っている人、あるいは構造としての場に働きかけている人、こういう人たちが∧場をもつ主体∨なのである。

第二次世界大戦中に自ら食を断って死んでいったシモーヌ・ヴェイユ（1909〜43）に、『根をもつこと』という著作がある。彼女はこの中で「人間は、空間と時間の持続そのものから、まるで一個の原子のごとき出来事を切り取ることはできない。しかし人間の言語の不完全さは、それが可能であるかに語ることを強制するのである」と述べている。人間が関係するすべての出来事は時間と空間の持続の中に埋め込まれている。ここで述べてきた場も同様だ。時間と空間と関係の総体として存在する場から、人間は本来切り取られない。だが切り離しても生きていけるかのように、いままでの教育は私たちに語り続け、私たちもそれを真に受けてきたのである(2)。

したがって、∧場をもつ主体∨とは特殊な能力を獲得した一部の人間を指すのではない。すべての人間が場をもって生きているはずなのである。すでに生まれ落ちたその日から、私たちはある特定の場の中に生きるしかない。積極的な働きかけをしなくても、場からなんらかの影響（拘束）を受けて生きざるをえないのである。この意味では、万人が構造としての場の制約下に生きているといえる。地域に学ぶということは、この事実を知り、さらにもうひとつの（内なる）場を発見して、よりよい（外なる）場づくりに向けた活動を行なうことである。これが場の教育だ。

3　多数のプレイヤーが地域を育てる
――場の教育の応用としての地域そだて――

（1）費用対効果と一匹の羊

民間NGO団体で働いている私の友人に陣内俊氏という若者がいる。彼が最近インドとエチオピアで支援活動を行なってきた報告を聞き、大変感銘を受けた。地域を変革している人びとには共通する特徴があったというのである。

まとめれば、地域をよく知り、いつも現場に身を置いて、もっとも貧しく苦しんでいる個人を助け、小さな活動を継続している人（プレイヤー）が、地元では大きな影響力を発揮しているのだという。

とりわけ国際援助というと、私たちはODAのような巨大支援プロジェクトを思い描きがちだ。しかし陣内氏によれば、プロジェクト優先主義では山は動かない。費用対効果という言葉があるように、私たちは最小限のコストで最大限の成果を狙う。専門家がきっちりと計画を立て、必要に応じて数値目標を設定し、達成度によって事業の検証を行なう。だが完璧な計画にみえても山は動かない。なぜなのだろう。その地域の場に影響が及んでいないからだ。場に影響を及ぼすためには、人の活動が必要なのである。

陣内氏は、「一匹の羊」の譬《たと》えで説明してくれた（「マタイによる福音書」18章11～13節）。その譬えとは、１００匹の羊の所有者が1匹の羊を失ったら、残りの99匹を野原に残したまま、迷った1匹を見つかるまで捜し、見つけたらその羊をかついで大喜びするというストーリーである。この譬えは、しかしたんなる道徳的な訓話ではない。実際に陣内氏が発見したことは、地域でもっとも苦しむ人にかかわり支援し続けることでその人に笑顔が戻るなら、この笑顔の戻った人を通して地域全体に笑顔が広がる、ひとりの個人から地域全体へという事実が存在しているということなのである。

私は場の教育の応用＝実践が、ここに示されていると思う。すでに第三世界の開発援助では、ＯＤＡとは別の援助のしかたが提示されてきた。例えば、イギリスのロバート・チェンバースは、援助対象地域の底辺に位置している人びとから学び、彼らがイニシアチブをもって農村開発を行なえるようなプログラムを考案し続けてきた（『第三世界の農村開発　貧困の解決―私たちにできること』明石書店）。この書物の原著名はRural Development: Putting the Last First（農村開発―終わりの者を最初にすること）であり、サブタイトルは「一匹の羊」と同じく「マタイによる福音書」にある言葉からとられている。「終わりの者を最初にする」、この趣旨こそ陣内氏の発見と同質のものであることを指摘しておきたいと思う。

（2）地域づくりから地域そだてへ

こうして、プロジェクトではなく、プレイヤーによる活動という視角から地域づくりを再考してみよう。

地域づくりにはつぎのような特徴がある。第一に、ハードだけではなくソフトも含まれるけれど、制度づくり、枠組みづくりが重要な位置を占めてきた。第二に、プロジェクト、事業という言葉にあらわれているように、つねに費用対効果を考え、ＰＤＣＡサイクルのようなCheck & Doシステムが優先される。第三に、リーダーの存在だ。都市計画のような専門家の比重は低いとはいえ、法制度や行政の仕組みに詳しい人、専門知識をもつ人びとや経験豊富な人びとが優遇される傾向が強い。あるいはカリスマ型の地域リーダーへの期待には根強いものがある。第四に、短期的な成果を求める。具体的な工程表が設定され、達成度が随時チェックされる。

これに対して、私は〈地域そだて〉を提唱したい。すでに延藤安弘氏が「まち育て（Urban Husbandry）」という概念を提唱し実践もしているが（『「まち育て」を育む』東大出版会）、ここでいう地域そだては場の教育と関連させてつぎのように考えておきたい。

第一に制度や枠組みづくりではなく、場に働きかけることに焦点を合わせる。第二にプロジェクトや事業ではなく、一人ひとりの（小さな）活動を重視する。第三に専門家は排除しないが、より大切な担い手として素人（年齢、性別、国籍等を問わない）に期待する。フォルケホイスコーレ（民衆の学校）を思い起こしていただきたい。しかも一部の人びとではなく、可能な限り多様で多数の人びとのかかわりが重要だ。第四に短期的な成果ではなく、いつまでもかかわり続ける継続性を大切にする。

地域そだては、子育てがモデルとなっている。子育てにもっとも必要なことは、プロの小児科医やカウンセラーの存在ではない。まず愛情をもって子どもと直接かかわる人びとの存在、しかも自分に都合のよいときだけかかわるのではなく、丸ごとの全的な、長期間にわたるかかわりが必要になる。そして親だけよりも、兄弟姉妹や親類、近所のおじさん・おばさんたち、友人、先生など、さまざまな立場のいろんな人びととのかかわりが子どもの成長を促すだろう。地域そだてもまったく同様である。

(3) 構造としての場を変える地域そだて

もう少し詳しく地域そだてを解説してみたい。

地域そだてとは、さしあたり「地域の維持、存続、発展に向けた住民主体の活動」だと定義しておこう。これを別の見方から定義すれば、「人びとが広義の地域資源に働きかけ活動を導き出すこと」だといいかえてもよい。「広義の地域資源」と書いたが、「地域キャピタル」論を援用すれば、資源化される以前の「地域キャピタル」に対する絶えざる働きかけである、地域住民の生活そのものが地域そだてを支えている。

さて、ここで「地域力」というもうひとつの概念を定義しておきたい。ここ10年ほど、「地域力」「地区力」「SC」という似通った概念が登場している。しかし地域の動態をみるうえで、私はSC概念では不十分だと考えてきた。SCはむしろ地域の場を形成している諸要素のひとつであり、人、資源、社会構造等とあわせて「地域力」という概念を設定している。地域力とは「活動を生み出す潜在

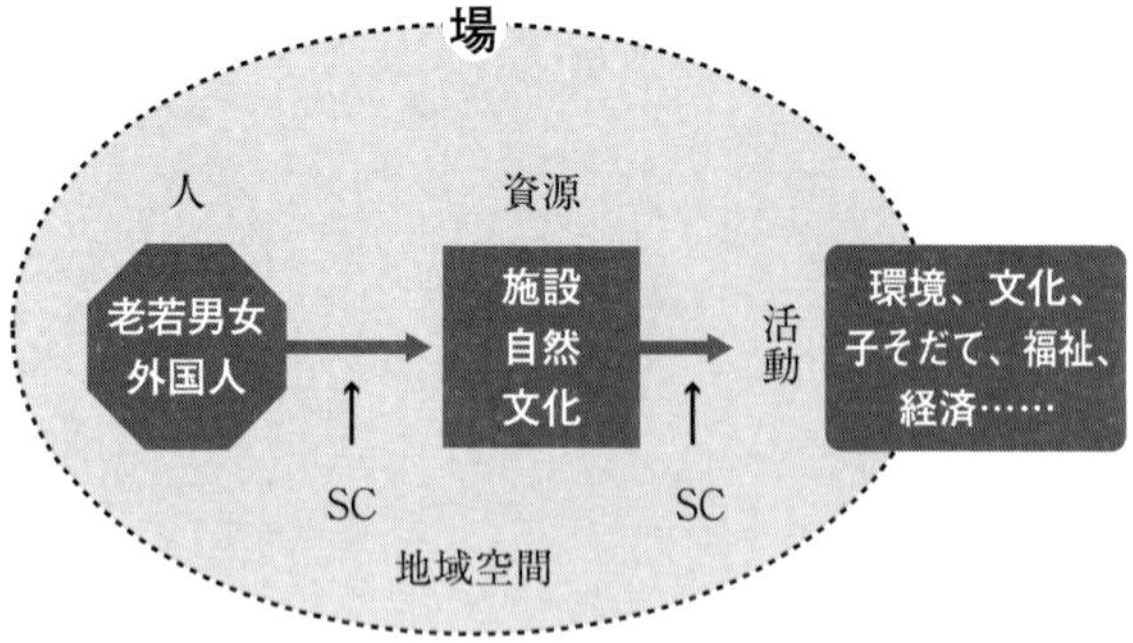

図1-3-5　地域そだて

力」だと定義しておこう。

図1-3-5を用いて、地域そだての流れを説明してみたい。まず起点となるのは「人」（P=Person）である。誰でも担い手になれる。老若男女、国籍、さらには障がいの有無も含めて、担い手の可能態である。人は「地域資源」（R=Resource）に働きかける。資源はハード・ソフトいずれも含み、人工的な施設（建築物）や自然環境、文化伝統などが資源である。人はこれらの資源を利活用して、あるいは組み合わせながら、なんらかの活動を導き出す。「活動」（A=Action）はゴミ拾いボランティアのような小さな活動から、比較的事業規模の大きいコミュニティビジネス（ソーシャルビジネス）まで幅広い。こういうプロセスが地域そだてである。なお人が資源に働きかけたり活動を導いたりするさい、潤滑油のような役割を果たす機能がSCである。

ところで、この一連のプロセスは、ある地域空間で行なわれる。特定の地域空間とは、しかしたんなる物理的な空間を意味しない。私たちは「空間と時間の持続そのものから、まるで一個の原子のごとき出来事を切り取ることはできない」（シモーヌ・ヴェイユ）のである。諸活動（出来事）は、必

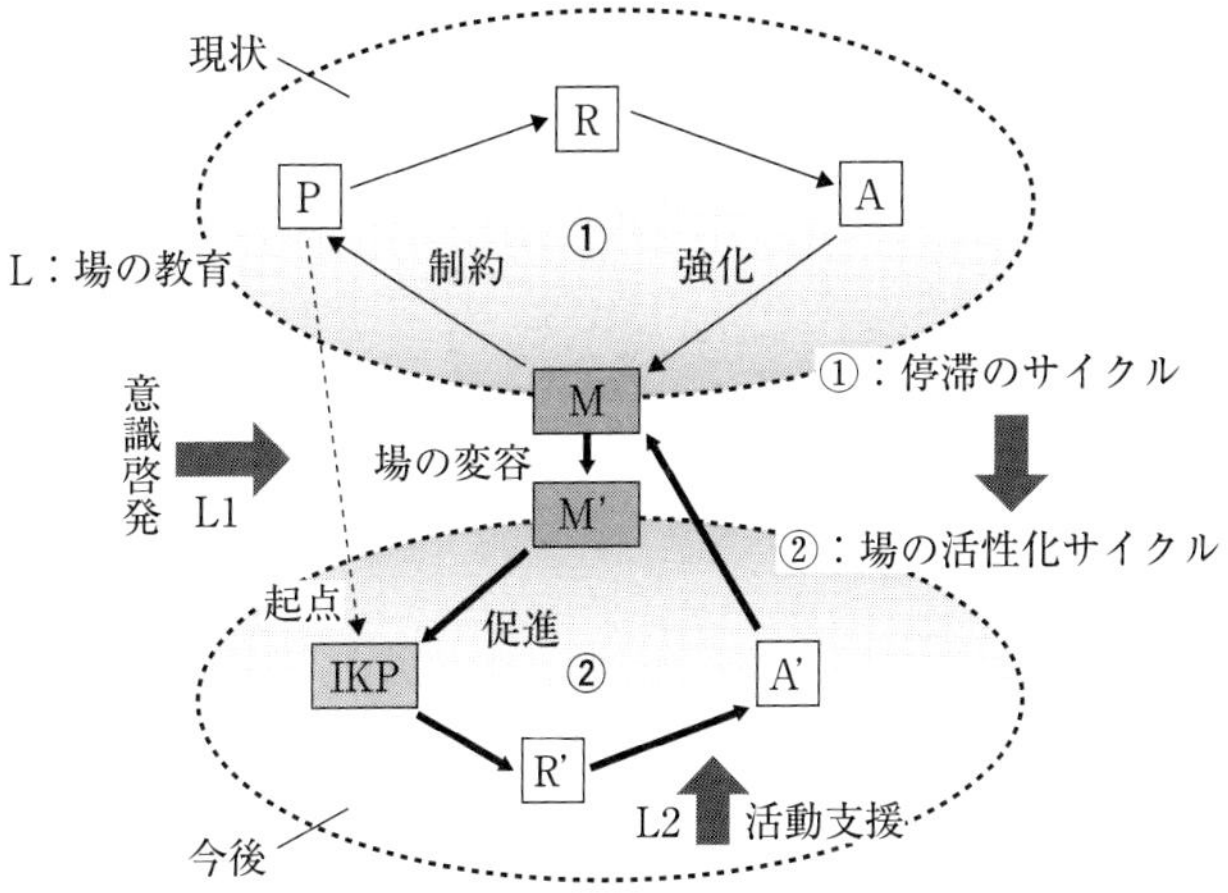

図1-3-6　場の活性化サイクル

ず時間と空間、そして関係の織りなす場においてなされると考えなければならない。この意味で場は、人→資源→活動というプロセスを良い意味でも悪い意味でも拘束している。活動の制約要因として働く場合もあれば、むしろ促進要因として機能する場合もある。私たちが地域そだてを活発にすること、すなわち多種多様な活動を生み出すためには（地域力の強化）、既存の場の構造を変えなければならない場合がある。

ここでいう場とは、もちろん構造としての場＝外なる場を指し、場と地域そだての関係を「場の活性化サイクル」として図１－３－６で示した。

現在疲弊している多くの地域は、①の「停滞のサイクル」の状態に置かれているといえるだろう。人（P）が資源（R）に働きかけて活動（A）を行なっても、場（M）が人の制約要因として機能し、新しい活動を起こすには至らない。地域住民は、前例踏襲の慣習と化した活動を、正直あまり気が乗らないまま繰り返すのみだ。非常に残念なことに、もっとも活発化しなくてはならない自治会活動が、もっともルーティンと化し、いやいやながら組長を引き受ける、ないし新住民は自治会にすら参加しない、こんな状況がいたるところでみられている。結局ルーティン化した活動は、既存の場の構造を強化する結果を招いている。これが「停滞のサイクル」である。

ではどうしたらいいのか。場を変えなければならない。場を変えるには、基本的には活動による場への働きかけしかない。先にみた場のマネジメントを思い起こしたい。外部情報に対する理解の過程で新たな場が形成されるように、地域そだてでは、活動の発する情報メッセージを通して人びとが気づき、認識を転換させ、場が変容するというイメージを考えればよい。

しかし「停滞のサイクル」に陥っている状態から、いかに脱出すればよいのだろうか。キーパーソン（KP＝Key Person）が重要になる。

(4) キーパーソンとは誰か？

2007年から2008年にかけて、三遠南信地域の3か所（山村部：静岡県浜松市天竜区熊地区、農村部：愛知県田原市野田地区、都市部：長野県飯田市鼎地区）で地域におけるキーパーソン（KP）を探す調査を行なった。KPとは、もともと「いちじるしく歴史づくりに参与する（リーダーではない）個人を」、すなわち政治的な意味での英雄とは異なる変革の担い手として、哲学者・市井三郎が提唱した概念である（『哲学的分析』岩波書店、33頁）。私は地域そだてを考えるさい、プレイヤーが必要だという認識から、プレイヤーおよびプレイヤーになりえる存在としてKPを想定した。ふつうに暮らす人びとを念頭に置いている。

さて、この調査の論点を整理すれば、第一に、アンケート調査によって地域住民の地域資源に対する身近さ度（主観的な親密度）を検証した。例えば、地区集会所をよく利用しているならばその身近さ度は高くなる。5点満点のレーダーチャートを作成した。第二に、プレイヤーないしプレイヤー候補者は、たんに地区役職者であったり、活動組織の長であったり、という事実だけからはわからないという認識のもと、まず動いている人（他人を訪問する人／他人から訪問される人）を確定した。第三に、両者をクロスさせて集計分析した。以上三点から何がみえてきたのか、以下でまとめてみよう。まず、訪問する人と訪問される人とは互いに重なっていることが明らかになった。逆に訪問しない人は訪問もされない人であった。したがって、訪問する＝訪問される人びとを、必ずしも役職者のようなフォーマルなキーパーソンではないという意味で（もちろん含む場合もありえるが）、インフォーマル・キーパーソン（ＩＫＰ＝Informal Key Person）と呼ぶことにした。

図1－3－7は、3地区のうち農村部（田原市野田地区）における結果を図示したものである。図の外側の線で示したグラフはＩＫＰの資源認識度、内側の線がそうでない人びとの資源認識度である。明瞭にちがいが出ていることに気づくであろう。ＩＫＰは、「社会基盤」（地域にある諸施設）、「文化」、「自然」、「つながり（ＳＣ）」などいずれの地域資源に対しても、身近に感じていることがわ

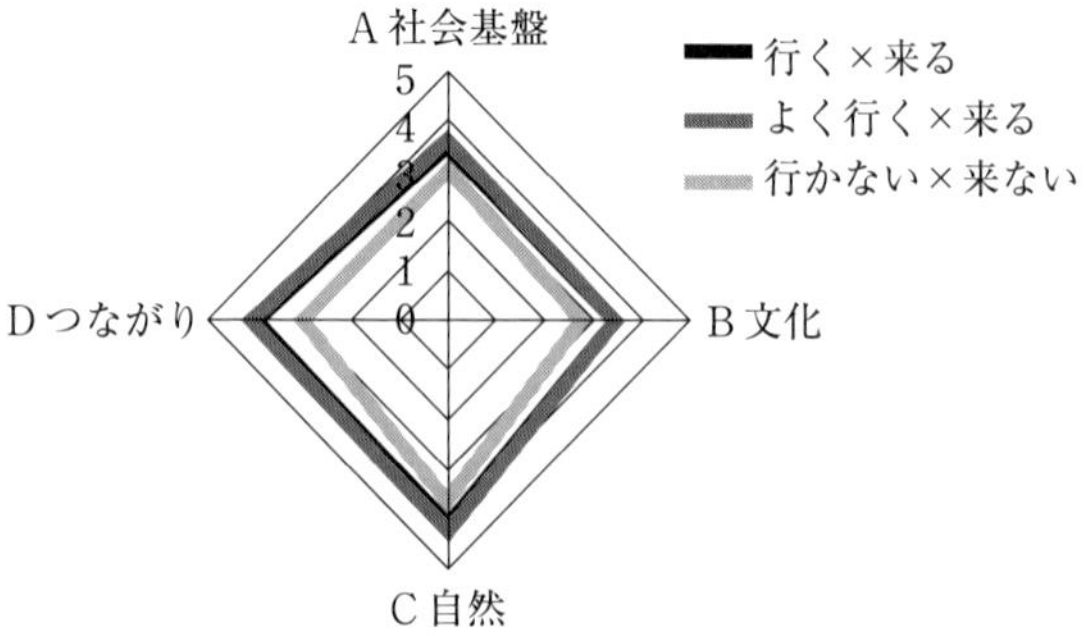

図1-3-7　インフォーマル・キーパーソンの資源認識度

資料：岩崎正弥・佐藤正之「地域力評価のガイドライン作成に向けて」『県境を跨ぐエコ地域づくり戦略プラン（平成19年度研究成果報告書）』。

かる。とりわけ目に見えない資源である「つながり」や「文化」に対しての身近さ度が高い。このことは、ＩＫＰの資源の利活用度が高いことの結果か、あるいはまだ利活用には至っていないけれど、利活用するさいの障壁が小さいことを意味している。

さらに分析を進めてみよう。このＩＫＰとは、より具体的に、どのような属性をもつ人びとなのであろうか。この中身がわかれば、地域そだての担い手になりえる。

（5）ソーシャル・インクルージョン型地域そだての提唱

結論からいえば、ＩＫＰはつぎのような人たちであろう。ひとつは地区役職者のような、すでに地域で活躍している人びと。属性として考えれば、地域の場に適合している人びとである。しかしＩＫＰにはもうひとつのグループが存在する。例えば女性たちである。すでに一定の力を得て活躍しているケースもあったが（後述する熊地区）、属性として考えれば、（もともとは）既存の場からはじかれた人びとである。

ところで福祉分野では近年、ソーシャル・インクルージョン（SＩ＝Social Inclusion）ということが言われ始めている。SＩとは、社会的弱者が社会に適合できるようにすることを指す。「社会的包摂」というと「同化」と混同しやすいのであえてカタカタ表記を残し、社会的弱者のエンパワーメントによる社会参加、共存を意味することにしよう。ふつう福祉分野では、SＩは保護という位置づけがなされると思われるが、私がここで提唱するSＩ型地域そだてには、より積極的な意味合いをもたせている。それは、ＩＫＰが地域そだての担い手として地域現場に登場することで、地域の場が変容し（制約要因から促進要因へ）、ふつうの人びとがＫＰに変わるきっかけが与えられたり、新しい活動が生み出されることになったり、という触媒効果が期待できることである。前述したもっとも貧しい個人が元気になると地域全体も元気になるという事例にあらわれている。またフォルケホイスコーレ（農民福音学校）がめざした担い手育成も、ＩＫＰに焦点を当てた人材育成だったといえる。

さて、既存の場からはじかれている人＝社会的弱者という図式は、あまりに形式的すぎるかもしれないが、SＩ型地域そだてを考察するうえで、女性の活躍事例はさまざまな示唆に富んでいる（川手督也「地域経営体の形成・運営と女性の参画―ジェンダーの視点から―」『協同組合奨励研究報告　第三十二輯』全国農業協同組合中央会、秋津元輝・藤井和佐・澁谷美紀・大石和男・柏尾珠紀『農村ジェンダー』昭和堂）。女性が既存の場からはじかれているがゆえに、異なる価値観をもって新しい活動を起こしたとき、そのことが場を変容・活性化させるのではないか。こうした視点から、先の調査地区のひとつ、熊地区の事例を紹介してみよう。

(6) 女性が場を変える——静岡県浜松市天竜区熊《くんま》地区の事例——

熊地区（人口約800人）は女性主体の活動がむらづくりを牽引してきた事例として全国的にも有名である。その歴史は古く、1976年に神沢集落に生活改善グループが結成されたのを嚆矢とする。以後、1981年には熊婦人会が冊子「くんま、その生活と文化」を作成し、1987年「くんま水車の里」（1995年「道の駅」に指定）、1988年「かあさんの店」、2000年NPO法人「夢未来くんま」が結成され今日に至る。

初期の頃は「女に何ができる！」という冷たい視線が地区の男性たちの間に飛び交っていたというが（＝場から排除される女性たち！）、それにめげず、じつに30年余にわたる女性たちの地道な粘り強い活動が継続されてきたのである（ただし初めから支援する一部の男性もいたからこそ女性が頑張れたという事実があったこともつけ加えておこう）。この30年余の間に、女性たちが熊の場をどのように変えてきたのか。ここでは「公民館報くんま」（1976年～）からその一端を確認してみたい。

図1－3－8は「公民館報くんま」にみる女性関連記事の登場頻度を、5年ごとの時系列推移であらわしたものである。図によれば、1980年代前半に女性の登場頻度が約5倍に急増していることがわかる。しかし実態は俳句・短歌などの掲載であり、個人の女性としての登場にほぼ限定されていた。その後80年代半ばから90年代半ばにかけて登場頻度が減少するが、記事内容を検討すると、個人

から組織へと記事が移行している時期であり、女性の活動が組織化され（１９８７年「くんま水車の里」）、むらづくりに果たした役割はむしろ増大していったと考えられる。この10年ほどの時期は、女性の活動が地区の中で承認されていく時期に重なっている。

裏づけとなるいくつかの事実を提示しておきたい。第一に「ホタルを観る会」が１９８６年より熊婦人会によって始められるが、第３回（１９８８年）からは「熊地区活性化推進協議会」という全体組織に継承されていく。第二に子どもたちがお母さんの活動を評価していく過程がある[3]。しかもこの評価は、テレビに取り上げられたというマスメディアによる権威づけも一役買っているが、男性の変化の過程も同質のものであっただろう。第三に、「公民館報」の名称が「くんま」に公募で決定（１９７６年）して以来まったく登場しなかった「くんま」という言葉が、１９８７年に女性組織「くんま水車の里」が結成されて以降、使用頻度が増

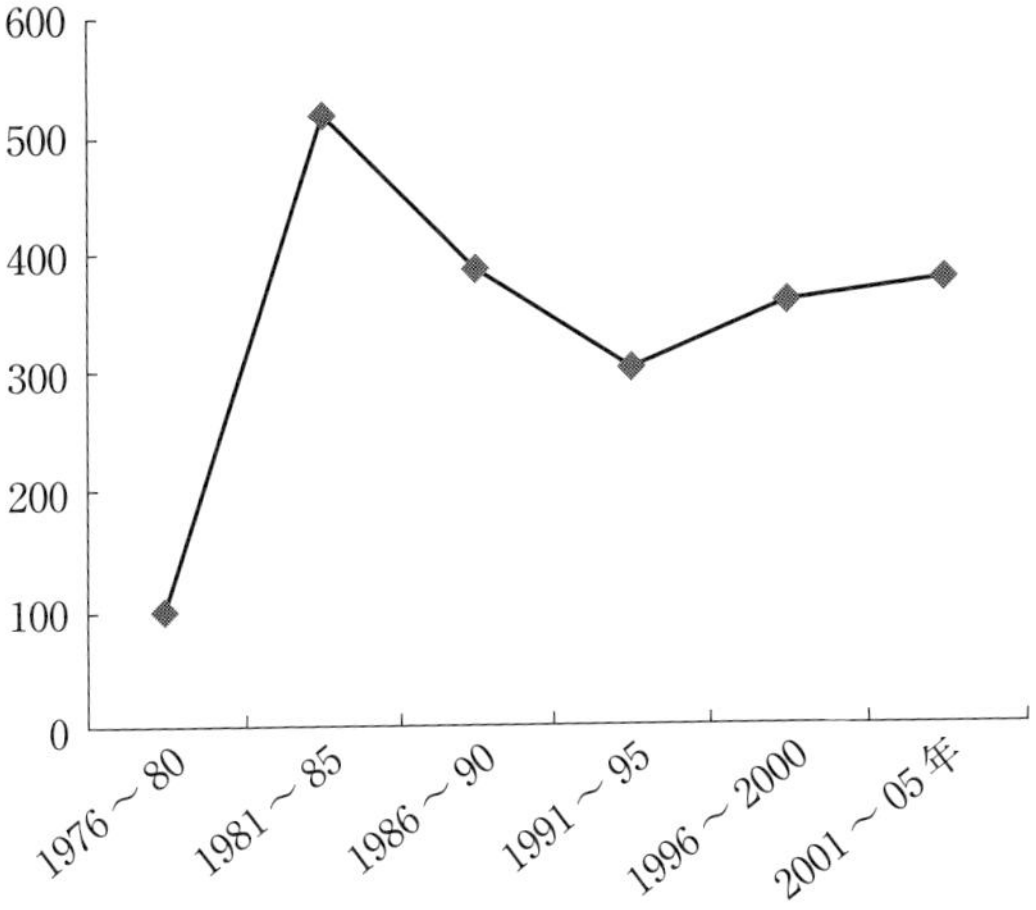

図1–3–8　「公民館報くんま」にみる女性関連記事の掲載頻度

注：1976～80年を100とする。

していく。「くんま」という言葉を通して、地域の誇りを回復させる役割を女性の活動が果たしたことになる。

こうして「くんま水車の里」が「道の駅」に指定（1995年）されて以降、女性の「公民館報くんま」への登場回数が再び上昇し始める。そして2000年のNPO法人化という画期的な出来事につながるのである。NPOは地域住民にも認知され、年間1億円近いさまざまな事業を通して、熊地区の高齢者にも笑顔が戻っているという。この意味で熊地区は、IKPであった女性の活動が地区の場を変えてきた事例としてとらえることができる。(4)

熊地区の事例は決して特殊だとは考えられない。第2部の高野論文で取り上げられる南魚沼市の清水地区・栃窪地区での事例も、「かあちゃんず」や「村の政治にはいっさいかかわれなかった若手たち」がじつはIKPとして、既存の場を変えていく働きを担っているからである。

（7）場の教育に立つ地域そだて——二段階の学びと実践——

さて、ここでもう一度図1－3－6に戻っていただきたい。①の「停滞のサイクル」から②の「場の活性化サイクル」に移行させるには、KPなかんずくIKPをいかに地域そだての担い手として取り込むかということがきわめて重要だった。あらためて整理してみよう。

L1（意識啓発）とは、地域に学ぶことを指している。すでに土地に根ざした教育運動で詳述したように、土といい、郷土といい、「小な所」「近い所」（新渡戸稲造）を掘り下げて、諸事象間のつながりを身をもって学ぶなら、「自然は無尽蔵の図書館」（石川三四郎）となって私たちを教え諭すだろう。全国小中学校の総合的な学習の時間における学び、あるいは地域アイデンティティを掘り起こす地域学の試みは、このL１に連動しているだろう。

ただし認識としての場に到達しないと、諸事象間の存在意義をつかめない。多数の事象A、B、C、D……が、それぞれ自分の「身体空間」の内に再配置され、事象A'、B'、C'、D'……に変換されなければ、浅薄な地域理解しか生まれないだろう。三澤勝衛の警告、「たんに言葉や文字・文章だけの」「手や足がその物や地に着いて」いない「頭だけの学問」になりかねない。地域の風土性を他地域との異同の線上でよく理解して特産品なり地域ブランド化なりをはからないと、過酷な市場競争での差別化ばかりに気を取られて、地域振興の本旨から逸れていく危険性があるだろう。

そのうえでL２というもうひとつの学びの過程があることに注意を促したい。これは専門機関による具体的な活動支援である。フォルケホイスコーレの日本的展開で私たちが学んだことは、例えば三愛主義に基づく立体農業のような、農業技術や農業経営という具体的な型をもつことの大切さであった。L１の学びが（土地に根ざした教育運動がめざしたような）「生活」「主体化」というところにまで降りるならば、それは実践にまで展開するものである。このL２では、一種の技法の学びを狙いとする。地域の課題や担い手の特徴に応じながら、一方では小さなボランティア的なコミュニティ活動から、他方では大規模な事業展開も辞さないコミュニティビジネス（ソーシャルビジネス）活動まで、ニーズに合った多種多様な活動が起こせるような学びのプログラムが不可欠である。もちろん地域の実情に応じて、行政が主体となったり、大学が専門学習プログラムをもって現地で実習をしたり、専門的なNPO法人がコーディネートしたり、とさまざまな手法がありえるだろう。

さらに二点、強調しておきたいことがある。ひとつは、SI型地域そだてにこだわる限り、このL2には公的承認機能を付与すべきだということだ。志をもち、意欲も知識も技術もある少なからぬ人びとが、残念ながら自地域の地域そだてに向かわない傾向が各地域でみられている。「停滞のサイクル」に陥っている地域では、こうした可能性のある人びとが排除され、ルーティン化した活動が縮小再生産されている。リーダーがいないと嘆くよりも、まずすでに存在している隠れたIKPに目を留め、この人たちの活動が承認されるよう、あるいは共に新たな活動を起こせるよう、まずは行政を主体に、地域住民相互が認め合うという公的承認をしていくことが地域を元気づける第一歩であろう。

2002年度の日本行政計画学会の地域づくり部門で最優秀賞に輝いた鹿児島県の柳谷集落（人口約300人）は、行政補助金に頼らず独自に資金づくりをしながら（遊休農地を利用したカライモ栽培や土着菌づくり、芋焼酎「やねだん」の開発など）、地域住民のための事業を企画し（独居老人への緊急警報装置設置、他出者のふるさとレターを集落で共有する仕組みづくり、集落寺子屋、お宝歴史館、おはよう声かけ運動など）、9割の地域住民が実際の活動に参加するという集落づくりをしている。この柳谷集落は各事業の協力者等の名前を看板に掲げるというように、可能な限り一人ひとりの固有名詞を表に出すことで互いに確認し合う公的承認がうまく機能している事例である（拙稿『農村文化運動』170号、2003年10月、豊重哲郎『地域再生』あさんてさーな）。地元の「南日本新聞」

は「小の可能性」と題する記事を掲載したが、小だからこそ、ほかならぬ「私が」大切にされているという確信に支えられたむらづくり事業が可能であったといえる。その意味でも、L1、L2のプログラムを実施する範囲として、校区コミュニティが意義をもちえるだろう。

ただ校区コミュニティの重要性は、そこが身近さを回復するためにもっともふさわしい範囲だからであり、この中の地域住民だけで自己完結するべきだと強調したいわけではない。他地域とのつながりがきわめて重要だ。このことが、もうひとつの強調点である。L1の過程で、どんな小地区であっても単独では存在しえないし、実際に資源や人から地域をみるならば、明らかにつながりが存在していることを理解するだろう。したがって、このつながりを意識して活動するプレイヤーを確保することが重要となる。この育成に関しては小範囲ではなく、より広域地域での実施が必要となるだろう（次項参照）。

こうして、気づきを誘発された新しい人びと（IKP）が起点となり、認識変換された資源（R'）＝より身近さを増した資源を有効に利活用して、一方では市場経済対応型の地域おこし活動（自律をめざすA'）と、他方では連帯を模索するもうひとつの活動A'が同時並行的に起こるとき――狭嶺が述べていた私経済と公経済の一元化――、新たな活動の規制要因としてしか機能していなかった既存の場（M）は、その住環境の雰囲気が改善されるという意味で、新たな活動を促進する場（M'）へと変わっていくだろう。

（8）越境プレイヤーが地域をつなぐ

もう少し敷衍してみたいことがある。いままで「人びと」という表現で、暗に地域住民を指してきた。しかし地域の自律はともかく、地域間の連帯にまで思いを巡らすとき、小学校区のような小地区のみで活動する住民だけでは、地域間の支え合いに基づく公共的な地域圏づくりを担うことは難しい。それゆえ地域そだてでは、「定住プレイヤー」とともに「越境プレイヤー」という範疇の人びとの存在を想定している。

「越境プレイヤー」とは、自分の暮らす地域外の地域そだてに関与する人びとのことである。じっさい、何度か紹介した三遠南信地域では、行政界を越えた広域圏域を対象に動いている人びとが存在している。また、愛知大学三遠南信地域連携センターで開催したコミュニティカレッジ（とよがわ流域大学・とよがわ流域圏講座）を修了した人びとが、「豊川」という全長77kmに及ぶ広範囲の流域圏づくりに関与するプレイヤーに成長している事実もある。リバーウォークマップを作成したり、流域圏エコマネーによる水の絆づくりを実施したりしているのである。シニア層が中心とはいえ、こうした「越境プレイヤー」の存在と活動が、地域の自律と連帯には欠かせないことを強調しておこう（三遠南信地域連携センター編『三遠南信地域づくり読本』）。また「越境プレイヤー」という外部からの刺激を通して、地域住民による場の発見を促進する触媒効果も無視できない。

さらにもう一点、プレイヤーが大切だとはいえ、プレイヤーにはなれない人びとも当然いる。サポーターも地域そだてには不可欠な存在だ。ＮＰＯバンクや１％条例などで地域づくり団体に資金を提供してくれる市民だけではなく、プレイヤーに声をかけるサポーター、ときたま代打としてプレイヤーになるサポーター、オーディエンスではあるけれど陰で成功を祈っているサポーターなど、一口に「サポーター」といっても幅広い。現在は無関心であっても、ましてや活動反対者であっても、将来はどうなるかわからない。そもそも教育とは、現在をみる行為ではなく、未来を創造する、未来から現在をみる行為である。地域そだてが場の教育の応用＝実践である限り、すべての地域住民を可能態としてとらえる必要がある。

(9) 場の豊かさへ―希望の空間―

最後に〈場の豊かさ〉という概念を提唱しておこう。物の豊かさか心の豊かさか、どちらを重視するかを問うアンケートが毎年内閣府によって実施されている。１９８０年代前半は両者が拮抗していたけれど、80年代後半以降次第に「心の豊かさ」派が勢いを増し、現在は70％ほどの国民が心の豊かさが大切だと回答している。

この事実は、物的豊かさの水準がある程度達成された結果だという意見もあるだろう。「１万ドルの罠」といって、１人当たりＧＤＰが１万ドル（約１００万円）を超えると、経済力の上昇に対して満足度がさほど上昇しないという経験則がある。他方、心の豊かさ派が70％もいることで、道徳教育の重要性を訴える人びともいる。じっさい近年の殺伐とした世の中に対し、「絆」や「つながり」や

「コミュニティ」が強調され、法制度化への動きも進みつつある（例えばコミュニティ基本法案）。

だが私たちは、まず身体をもってある場所に存在する空間的存在であることを忘れてはいけない。物という要素の所有だけで生きているわけではないし、かといって心という精神の働きだけで生きているわけでもない。私たちが身体をもつ以上、身体が存在する空間が快適であることは不可欠な条件だ。たんに消費という意味ですべてが揃っていれば快適な空間なのではない。砂漠のど真ん中に巨大なドームを建設し、その中で何不自由なく〝快適〟に暮らす人間の姿を想像してみればいい。おぞましい以外の何物でもない。

空間には時間が蓄積され、人と人、人と社会、人と自然の相互作用に基づく関係がはりめぐらされている。これが〈構造としての場〉であった。場を豊かにすることは、この空間と時間と関係を、そこに暮らす人びとにとってより身近なものに変換していくことにほかならない。もしかしたら、古い伝統は、時代の変化のなかで人びとから遠のき、新たな身近さで代替される必要があるかもしれない。犬田卯が叫んでいたように、勇気をもって「伝統精神を破壊して」「内からの革命」を仕掛けることを避けて通るわけにもいくまい。

そして〈認識としての場〉に立つことだ。〈開かれ、生み出し、包み込む空間〉とは、あまりに抽象的に聞こえたかもしれないが、開放・生成・包摂の意味する地域像とは、誰に対しても拒絶することなく開かれ、そこに住むことを許すだけでなく、多様な人びとを通して新たな価値が生み出され、新たな活動を自由に起こせる、そんな創造的な地域を指す。創造的かつ自由に満ち溢れる地域に変えていくことが、場の教育、地域そだてのめざすところである。

注

（1）桑子敏雄『環境の哲学—日本思想を現代に活かす—』（講談社学術文庫、1999年）221頁。本文でもふれるけれど、本書は「空間の履歴」「空間の豊かさ」など重要な問題提起を多く含んだ刺激的な書物である。

（2）シモーヌ・ヴェイユはまた別のところでこうも書いている。「愛国心。完全な愛以外の愛ならば持ってはならない。国家は、完全な愛の対象となることができない。だが、国ならば永遠の伝統をになっていつづける場所として、愛の対象となることができる。どんな国でもそうなることができる」（『重力と恩寵』〔田辺保訳〕ちくま学芸文庫、1995年、267〜268頁）。この文章で「国」と訳されているフランス語はpays《ペイ》である。paysとは、平仮名表記の「くに」あるいは郷土に近い概念だ。第2章でふれたジョゼ・ボヴェもpaysに依拠した運動を担っていた。根をもつこと、愛の対象としての根をもつ場所として、あらためて郷土＝身近な場所のもつ重要性を強調しておこう。

（3）母親が「くんま水車の里」で働くT君（小6男子）の作文（「水車の里と母」「公民館報くんま」第163号〔1990年1月1日〕）の一部を紹介しておこう。「ぼくの母は、水車の里ができてから、そばとそばまんじゅうと、みそをつくっている。学校へ行き早く家へ帰ってくるといつもいない。こんな日が続いても母は、近所の人に明るい声で、『おはようございます。』と話しかける。ときたまテレビにも出る。母は、いつも通りに、『それじゃ行って来るで。』と加工所へ向かった。ぼくは、（テレビに映る母を早く見てみたい。）と思って、わくわくしていた。『おお、すげーじゃん。』と、ぼくはおどろいて言った。いつもどおりのえ顔で、テレビにでていた。こんな村おこしがあってよかったと思った」。

（4）ただし熊地区の定住人口は増えていない。したがって、連帯という支え合いによって中山間地域が保証されても、たんなる保護にとどまるだけでは、定住人口増に結びつかない可能性が高い。一方では都市部からの積極的な移住策をも視野に入れざるをえないだろう。豊橋市、浜松市在住の市民への移住希望アンケート調査によれば（豊橋N＝311、浜松N＝566）、「将来中山間地域で暮らしたい」と回答した市民は、わずか豊橋1.3％、浜松1.6％にとどまっている。しかし「条件が整えば移住をしてもいい」と回答した潜在的移住希望者は、豊橋25・2％、浜松21・7％にまで跳ね上がる。その条件とは住宅・子育て環境の整備や就業支援などであった（間藤辰則ほか「移住者側から見た中山間地域への移住可能要因に関する研究」『県境を跨ぐエコ地域づくり戦略プラン―平成21年度研究成果報告書―』豊橋技術科学大学、2010年3月）。こうした現状をふまえ、連帯経済としてのさまざまな試行は、連帯による保証と地域の総合的な魅力＝価値を活かす自律化の同時推進によって、移住者、とりわけ若者や若い家族連れ世帯を増やす仕組みを立ち上げる作業が早急に求められるであろう。

第2部

場の教育の実践

第1章　学びの場としての農山漁村

第2部では農山漁村のもつ教育力とは何かを掘り下げ、その意味を問うことにした。農山村における「地域そだて」に地域の教育力を生かした一例として、「TAPPO南魚沼やまとくらしの学校」を取り上げてみたい。

農山漁村の教育力は、21世紀、社会のかじ取りをどちらに向けていくべきかの指針を提供できるということがはっきり見えてきた。加えて、普遍的な「人となるため」の教育につながっているようでもある。

青少年だけでなく、土地の大人たちも学び、気づき、変化する。同時に来訪者らへの教育機会を提供するなかで、地域内の関係性が紡ぎ直されることも、TAPPOの活動から見えてきた。

1　元気な中高年

「生きることを実感した」

新潟県南魚沼市にある、清水という山村を訪問したある女子学生が言った。彼女は東京の大学で、地方の集落での課題を研究しているという。このとき、彼女を含めて関東方面から来たさまざまな職業の人たちが、1泊2日で草刈りや水路の維持など集落の共同作業に加わった。

9月半ば、あたりはさまざまな濃さの緑で埋め尽くされ、山から湧き流れてくる凄烈な水の音があちこちから聞こえてくる。新潟県と群馬県の境にあたり、深い山々が連なっている。森の中には野生の動物の気配が漂う。

集落は越後と関東をつなぐ最短ルートに位置し、上杉謙信らが関東出兵のさいに通った古い街道が残っている。しかし現在はここから先を車で進むことができないため、やってくるのはもっぱら登山客だ。

夏であっても、深い谷あいで標高650mのこの集落の日の入りは早く、ストーブが欲しいときすらある。冬には4～5mもの積雪があり、豪雪地帯として知られる一帯の中でもとくに雪深い場所だ。山に近く暮らし、山仕事を手がけてきた人びとは周囲の自然を熟知しており、いまでも豊富な山菜を集めたり狩猟を行なったりしている。一方で、標高が高いことから、高価に売れるコシヒカリを育て

魅力的な清水集落の先輩たち

るには適さず、斜面を切り開いてつくった棚田はすべて放棄され、一部が畑になったりソバが植えられたりしている。

２００９年３月末現在で18世帯57人が暮らす。歴史ある集落だが、この年、人口は過去10年で最低となり、20歳未満の数は８人。高齢化率（全体の人口に占める65歳以上の割合）は38％。集落でもっとも多いのが50代の15人で、続いて80代（10人）、70代（９人）だ。

一時は送電線保守のため旧国鉄の拠点が置かれ、集落の人びとはその仕事にあたっていた。吹雪や険しいルートなど、厳しい自然の中で確実に仕事をする高い専門性と総合的な経験は、この集落の人たちをおいてほかになかった。しかし技術開発と民営化によって仕事は少なくなり、林業の不振もあって、村では現金を手にすることが容易でなくなってきた。町部がどんどん便利になっていくなかで、厳しい自然環境の中での暮らしも不利に思えるようになる。町と結ばれる道路が広く、舗装されたことをきっかけに、多くの人びとが仕事を求めて村を離れ、町に暮らすようになった。

しかし現在、「限界集落」や過疎高齢化のイメージをもってこの集落に到着する人たちはみな、予想外の印象にびっくりする。村の中高年たちがきわめて元気なのだ。

元気どころか、都会から来た20代の青年たちよりも体力があり、野外の仕事では何をさせても圧倒的に優れている。そして地元の自然のことをよく知っている。この人たちにお世話になり、手取り足取り教えてもらい、心配をしてもらいながら、都市部からの来訪者たちは集落の共同作業に取り組んだり、祭りの準備を手伝ったりする。

冒頭の女性はアンケートに、印象に残ったことをつぎのように書いた。

「清水の人たちの生きる術。教えてもらった火渡りの宗教と生命の関わり。森や川に住むたくさんの生物。人と人との間で生きることの楽しさと喜び」

生きるとはどういうことかを、彼女なりにつかんだコメントのようだ。

2 土地とつながる意味

私は世界各地を旅しながら、人と自然の関係が多様であることを知った。人と自然の多様な関係そのものが、それぞれの文化を規定している。自然に近く暮らしている少数民族や先住民族らとともに時間を過ごしながら、彼らの深い智恵と哲学の中に、持続可能な社会へのヒントがあることを実感した。

現代では少数民族もグローバリゼーションに組み込まれている。けれど彼らを観察し、日本の現状を重ね合わせて気づいたことのひとつは、現代日本では人が「土地」から引き離されたことが負の影響を受けているのではないかということだ。

土地から引き離されるとは、自分の生命を支える自然環境が容易に認識できない状態というだけでなく、生き物の速度を圧倒的に越えた暮らしに囲まれていることも含まれる。インターネットや携帯電話、飛行機や高速道路は、現代の暮らしに欠かせない道具になっているが、これは生き物の速度ではない。例えば、私が暮らす場所では1年に1回しか米をつくれないし、大根もコンニャクイモもシイタケも、それが育って食べられるまでに一定の時間がかかる。人間だって、精子と卵子が出会ってから生まれてくるまで通常約38週間かかる。技術が進歩してもこれを速めることはできない。生き物だけでなく、何をするにも、何かをつくるにも時間はかかる。

グローバリゼーションは「速さ」を追求してきた。それが価値あるものという考え方が現代社会に浸透しているように思える。しかし生き物の時間を無視してしまった速さは、「遅さ」という価値を奪ってしまったともいえる。人が生き物としてのリズムから逸脱してしまったために、生きていることが希薄に感じられるようになっていないだろうか。

農山漁村で自然に働きかける行為を通して、人は再び、生き物としての時間を取り戻す。そこで「生きることを実感した」と冒頭のようなコメントがたびたび聞かれるのだろう。

生き物としての時間を過ごしながら湧き上がる「生の実感」は、そこに身体性がともなうことが大切だ。第1部の第2章第6節で岩崎正弥氏が語る「身近さの回復」がこれにあたる。人、時間、自然、これらすべてに身体性をもってかかわることから、生きることの本質が見えてくる。時間も手間もかかる。20世紀はそのプロセスを省くことが発展であり、便利さだった。しかしその結果として、「生の実感」を奪ってしまったのが現代社会だ。

身体性をもって人や時間、自然とかかわると、その場所と自分との関係ができてくる。それが生まれ育った場所や暮らしているところならば、直接その人のアイデンティティにつながっていく。「自分は何者か」の認識だ。

地域は場所と関係性をもつ人びとの集合体だ。行政的な枠組みや人口、年齢構成や産業構造などの情報は、ある地域を外からみてとらえるために必要だろう。しかし、外からみた「地域」とは異なる、内側から生身で実感する地域の本質というものは、自然との関係、時間との関係、家族や個人との関係などという無数の関係性でつくられているものではないだろうか。

例えば地域では「責任」の範囲が広い。一般的な都市住民の多くは、自分の仕事と暮らしだけを考え、休日は家族や自分の趣味にあてるだろう。でも関係性で成り立つ農山漁村の地域に暮らしていると、自分の仕事と暮らし、家族のそれに加えて、地域の作業があり、かつ地域の課題解決にも役割を期待される。草刈りなどの協働作業やゴミなどの衛生環境についてや、農業に携わるなら自分の山や水のことも考えなくてはいけない。じつにさまざまなものに責任がある。

場所や時間、人びとと関係性をもって地域に暮らすというのは、そうした責任を全部受け入れる覚悟をもつということだ。農山漁村では、先人たちから伝わってきたものを全部背負い、それをつぎに渡していくという覚悟を住民たちがもっている。それが、そうした覚悟と無縁に暮らしている訪問者たちの胸を打つ。人びとは都会にはない地縁血縁のしがらみの中で、だからこそ培われる許容力や信頼感、安定感をもっている。人と人が、ある種の距離感を保ちつつも、近しい信頼関係で結ばれ助け合っているのが地域だ。

場所との関係性を構築することは、その土地に根ざすことといいかえてもいい。土地や地域が、記憶や関係性が埋め込まれた場とすると、土地に根ざすということは、身体性をともなったさまざまな関係を引き受ける生き方でもある。

地域には身体性がある。自分が食べるものを自分でつくったり、顔が見える人たちが家から見える場所でつくったものを食べたりする。水や森林、浄化される空気など、自分を物理的に支えてくれるものが全部身近にある。その身近さが身体性であり、身体性をともなって関係を築いている場所が自分のアイデンティティを構成することになる。自分の地域を知るということは自分を知ることにもつながるし、地域を大事にするということは自分を大事にする、自分を磨く、さらには日本や地球を大事にするということにもつながっていくはずだ。

生物多様性という言葉がある。多様な種、多様な遺伝子、多様な生態系によって、自然界は安定し、危機的な状況にも生命は生き延びることができる。この多様さを生物の視点から「豊か」と呼ぶのだ。同じモノサシを使うと、生物だけでなく、人間の社会や文化も多様であるほうが豊かだと思えないだろうか。異なる人びと同士や社会の共存をいかに平和裡に実現し続けるかが、人間の知恵の出しどころだ。人びとがその場所でさまざまな関係性を築いている社会は豊かなのだ。

3　農山漁村に内在する価値

「過疎高齢化が止まらない」とメディアが繰り返す。

国土交通省によると、高齢化率が50％以上で、冠婚葬祭や地域共同作業が困難な状況にある集落の数は、全国に７９００近い（２００７年８月）。うち３割が「いずれは消滅する可能性がある」とされている。前回の調査（１９９９年）に比べていわゆる限界集落は増加し、沖縄から北海道まで、全国に広がっている。これが、「外からみた農山漁村の地域」に関する数字だ。

若い人たちが集落を離れる理由は多様かつ複雑だろう。でも世代を越えて守られてきた農山漁村はとても豊かな場所だ。美しい光景、安全な水とおいしい空気、安心できる食料といったことだけでなく、本質的な幸福感や安心感とつながっている。大地から命の糧を得る。それは金銭を得ることとは質のちがう喜びを与えてくれる。

農山漁村は学びの宝庫だ。人間の活動が自らの文明や存在そのものを危うくしている現代において、これからどのような社会をつくっていったらいいのかの指針がここにある。科学技術が進んでも、人間はなんら変わっていない。農山漁村をじっと観察していると、ヒトとは何か、命はどうして支えられるのか、社会とは何か、平和構築に必要なものは何か、自分は何者か、といった、もっとも本質的なことが見えてくる。体を使って、自然に働きかけ、食べ物や自分たちが使うものを生み出すことにかかわることは、美への感動や、生きていることへの感謝につながっている。それは「人となるため」に必要なことだ。

農山村は、人間がほかの命に支えられて生きていることを身体感覚をともなってとらえることができる場所だ。さまざまな地球規模の課題に直面している時代だからこそ、ここに持続可能な社会を考えるうえでの重要な鍵がある。そうした考え方はあちこちでつながってうねりのようになりつつあり、農山漁村を核とした変革や地域再生のエネルギーもまた同時に高まっているように思う。

２００７年、私が代表理事を務めるＮＰＯ法人エコプラスは新潟県で、「ＴＡＰＰＯ南魚沼やまとくらしの学校」事業を開始した。過疎高齢化で弱体化する一方といわれ続ける農山漁村の21世紀における価値を、社会全体で位置づけし直す必要があると考えたからだ。その活動の象徴が田んぼだ。南魚沼地方では田んぼのことを「たっぽ」と呼ぶ。ＴＡＰＰＯという事業名には、人も稲同様に、自然の中でたくさんの手間をかけられて育つという意味を込めた。

これは、農山村集落とＮＰＯ、学校との協働事業として始まった。

第2章 TAPPO「南魚沼やまとくらしの学校」の誕生

1 南魚沼市の概況

南魚沼市は新潟県の南東部で、群馬県に接している。東京から国道17号線で約200km、新潟市までは約100kmの位置だ。東京駅から上越新幹線で70分から90分。川端康成の『雪国』で知られる越後湯沢駅で下車し、ローカル線か車で移動する。

群馬県との境になっている南東側の山々では、「日本百名山」のひとつ巻機《まきはた》山(1967m)に年間3万人が登山に訪れるとされる。南に向かって2000m前後の急峻な三国山脈が連なる。東側は八海山や駒ヶ岳などの越後三山、西側には700~800mほどのなだらかな魚沼丘陵が広がる。南北に細長い一帯は、このように山々とそれらに囲まれた盆地となっていて、中央には清流で知られる

図2-2-1　新潟県南魚沼市清水集落・栃窪集落の位置

魚野川を柱に、いくつかの川が合流する。豊かな自然に恵まれた山間地域だ。

また、世界有数の豪雪地帯であり、山間部は1年のうち4か月間ほど3m以上の雪に覆われる。平地でも、近年降雪量が少なくなったとはいえ2m程度は積もる。

山からの良質で豊かな水や風、雪や年間の寒暖の差などから、魚野川に沿って広がる水田で生産されるコシヒカリ米は美味とされ、日本中でもっとも高い卸売価格がつく。

2005年国勢調査によると、そうした第一次産業の就業人口は南魚沼市全体の約13%、約3万2300人の産業就業人口総数のうち、わずか4060人だ。主要産業での観光を含む第三次産業の就業人口は約56%。南魚沼市の資料（「南魚沼市産業振興ビジョン」2008年3月）によると、観光客の3割以上がスキー関連となっている。ただしスキー客はピーク時には330万人

（1992年）だったのが、100万人（2006年）にまで落ち込んでいる。

市全体の人口は6万3329人、うち65歳以上人口は24・8％、15歳未満人口は14・6％だ。高齢化率をみると、新潟県全体の23・9％、全国平均の20・1％より高くなっている。

2　小学校存続が危うい

「子どもの数が減って小学校がなくなりそうだ。何かいい知恵はないかね」

２００６年、南魚沼市栃窪集落の当時区長であった晶さんが、通りでばったり会った私に声をかけた。

私は5年間暮らした英国から2005年に帰国し、以来、出身地でもある南魚沼市で暮らしているが、生まれ育った塩沢という町部ではなく、コシヒカリの田んぼが一面に広がる農村の中古住宅に住んでいる。平場であり国道も近いが、稲作に適した気候風土にあって、周囲の田んぼにはあまり農薬が使われないため、夏にはものすごい音のカエルの合唱に包まれる。

同市は面積的には狭くはないが、車で走っていても知っている人たちとすれ違うことは珍しくない。ときには車を停めてあいさつしたり、互いに運転しながら会釈をしたりして通り過ぎる。

区長とも、家の近くの田んぼ沿いの道路で車ですれ違った。彼が軽トラックを道端に寄せたのがミラーに映ったので、私も車を停めた。

栃窪集落全景。たる山の頂上から

南魚沼市栃窪集落は、西側の丘陵地帯の標高500mほどのところに位置する。一帯は地滑り地帯でもあったため、地震の影響を受けやすい。2004年の中越地震のさいも旧塩沢町の中ではもっとも被害が大きかった。

約60世帯、およそ210人が暮らしている。人口の減少傾向は続いているが、ここ10年で急激に上がっていた高齢化率は、結婚のために引っ越してきた若い女性たちや子どもの誕生などのため、2009年3月の時点で36・8%と久々に低下した。それでも、もっとも人数が多い世代は70代の35人。ついで50代（31人）、60代と80代（24人）だ。

栃窪地区の主要産業は稲作を中心とした農業であるが、専業農家はない。高齢化にともない稲作ができなくなる家も増えてきている。20歳以上60歳以下の大人たちのほとんどは集落外で就業している。

２００９年に創立１３０年を迎えた栃窪小学校は児童数が10人前後。ずいぶん前から統廃合の話が持ち上がっていた。集落ぐるみで運動してそれを食い止め、２００４年に老朽化した木造校舎が建て替えられた。しかし生徒数の減少は続き、３クラスある複式学級の維持も危ぶまれる状況になったことから「学校存続対策委員会」が結成され、小学校の存続は村のシンボル的な課題となった。

学校存続対策委員長でもある区長にとっては悩ましい課題だった。山村留学という手段で外部から子どもたちを、という考えもあり、以前から外国人を含めた子どもキャンプを栃窪集落で実施していた私を思い出したようだった。

私は、学校は子どもたちが歩いて通える場所にあるのが理想だと思っている。地域にそれぞれ学校があるのは不経済だとして統合が進むが、人を「効率的」に育てることができると思うのは間違っている。短期的な経済効率のモノサシだけで教育を測っては、未来に不利益をもたらすことになろう。また学校の存在は、地域にとって大切なのだ。子どもの教育の場だけにとどまらず、学校は集落の活気と住民同士のつながりを保ち、若い世代が住む必須条件でもあり、結果として地域の存続にも関係する。

栃窪小学校の存続は、持続可能な社会づくりや地域に根ざした教育を唱えるエコプラスとしても大いに関心のある課題だった。

私と村の役員たちとの懇談の席が設けられ、まず顔を知ってもらうことから始まった。しかし行ってみれば、叔父や叔母、姉の同級生だったという人がいたり、父同士が歴史研究会で一緒だという人もいた。酒屋を営む私の実家は九代続く古い家で、父は一時期町議会議員もしていたので、栃窪集落や個々人ともさまざまなつながりがあった。おかげで、互いに氏素性は明らかで、信用も少しはあるところから始まった。

こちらから提案書をつくって会議にかけてというような、東京で通常にしていた仕事の進め方やペースではない。ゆっくり、時間をかけて、集落の人たちとの関係を築いていくことが土台となった。

3　持続可能な社会へのヒント

栃窪集落からの声かけの焦点は小学校の存続だったが、私からすれば、それは地域そのもののこれからを議論することに等しかった。日本各地で集落の人口が減り、高齢化が急速に進んでいる。とくに「上流地域」と呼ばれる川の上流、すなわち山間部ではその割合が高い。

しかし高齢化率が高いことと住民の幸福度とは関係がない。集落の中には、このまま廃村になることを受け入れているところも少なくないが、それは「諦め」というような後ろ向きなものとは限らず、いまから自分たちで精いっぱい楽しく暮らそうじゃないか、という前向きな思いのことも多い。

一方で、人口の都市集中は世界の流れだ。日本でも、山間地や農山漁村からは人が出ていくが、東京都や大阪府、神奈川県や愛知県などでは人口が増加している。

問題はここだ。

都市は農山漁村がなければ存続できない。都市で消費される食料もエネルギーも水も、都市で生産されるものはほとんどない。２００７年度、東京都の食料自給率はカロリーベースで１％、大阪府２％、神奈川県３％だ。

農山村が元気に持続可能であることは、都市生活者を含むすべての人たちにとって重要だ。農山村の過疎化やコミュニティの崩壊は、温暖化と同様、自分とは無縁だと思っていても、確実に多様な形で自分たちの暮らしに影響を与えるようになる。エネルギーや安全な食と水、空気といった命の基盤にかかわってくる。

そうした物理的な問題に加えて、文化や精神面、経済の仕組み、課題解決の方法など、平和で豊かな、持続可能な社会を構築するためのヒントが、何百年にもわたって存在し続けてきた農山漁村に詰まっている。例や詳細は第３章以降で解説していこうと思う。

都市化や近代化、グローバリゼーションの波の中で、「金銭」と「効率」が過度に注目され、場所に根ざした暮らしの中にあるあらゆる価値がいっさい無視され続けてきた。大量生産・大量消費のバブルの中で踊り狂った結果、人類は本当に大切なものが何かを見失い、将来の世代の資産を食いつぶし、自らの生存基盤すら危うくしている。

もし私たちが、先人たちが紡いできた、それぞれの土地で生きていくための最善の知恵から学ぼうとするなら、いましかないのではないか。知恵の本質は、それを所持する人びととともに消え去ってしまう。もちろん、持続可能な社会を新たにつくり上げていくためには、都市住民同様、農山村住民も変化を受け入れなくてはならない。

エコプラスとしては、「地域」や農山漁村を現代社会全体の資産と再設定し、栃窪集落と同様に過疎高齢化に悩む南魚沼のほかの集落とともに、地域づくりに取り組むことにした。これが「ＴＡＰＰＯ南魚沼やまとくらしの学校」事業だ。

開始を具体的に後押ししてくれたのは、セブンイレブンみどりの基金の助成金。３年間、事務所家賃と人件費１人分を出してもらえることになった。事業費やほかにかかるいっさいの費用（とてもひとりでできる事務局仕事ではない）はなんとかしなくてはならないが、これが事業開始の決断を促した。

こうした経緯から、事務局は栃窪地区集落センター内の一室に置いた。事業の活動範囲は南魚沼市一帯だが、これまではとくに栃窪集落と、魚野川をはさんで谷向こうの、もっとも群馬県寄りの清水集落で事業を展開してきた。第２部の冒頭に登場した清水集落には古くは関所があり、越後と関東をつなぐ最短ルートであった。つまり新潟県からすれば、昔から街道沿いの一番奥の集落だったことになる。清水地区も栃窪地区も、昔は独立した村々であったが、その後何度かの合併を経て、２００５年まで塩沢町、現在はどちらも南魚沼市だ。

4　TAPPOの仕組み

TAPPO事業を展開するにあたっての仕組みには、いくつかの構造がある。まず幅広い応援団の組織。これは海外を含む各地の、趣旨に賛同し取組みを応援する意志がある人たちで構成される。続いて運営委員会。これには市の職員、市のいくつかの地区の人びと、中山間地域にある小学校の校長らも入ってもらい、運営についての課題を議論する。そして評議員会には南魚沼市長をはじめ東京に暮らす科学者やジャーナリスト、農民や議員など、さまざまな立場の人たちが加わり、地域から離れた視点から活動を指導・支援してもらっている。

活動主体はそれぞれの地域住民で、エコプラスは事務局を担う。TAPPO事業そのものは第１部第３章で岩崎氏がいう「地域そだて」であろうが、事務局員は同じ村に暮らし、私を含めエコプラスの理事ふたりは活動舞台である南魚沼市に暮らしている。この場合、エコプラスは定住プレイヤーなのだろうか。役割としては越境プレイヤーだと考える。

TAPPOを展開しながら、栃窪には「村作り会議」、清水には「地区活性化委員会」ができ、村づくりに意欲ある人びとが活発にかかわっている。栃窪集落では、会議には誰が出てきてもいいが、有志のメンバーが核となり、そのメンバーが区長から委嘱を受ける。清水地区活性化委員会は原則全住民がメンバーだ。

集落では任期1年、持ち回りの区長が役員を束ねて、区を運営している。区内には農家組合や森林生産組合、消防団や婦人会、老人クラブなど、集落内の多様な「団体」がある。

「村作り会議」や「地区活性化委員会」は、これまでの区の組織とは性格も位置づけも異なっている。区内の団体が年代別や担当職域別であり、区の住民だけで構成され、区内の業務に従事するのに対し、TAPPOにかかわるこれらの組織は、総合的に村のこれからを議論し行動するもので、NPOや他地域、外部の人たちなどとの共同行動が原則で、外に開かれている。正式に問うたことはないが、例えば東京在住者でも、集落の未来にかかわる意志をもった人たちはメンバーになれるのかもしれない。この会議そのものが定住プレイヤーと越境プレイヤーの協働作業なのだ。

学校の教員は全員が村の外から通勤してくる。たいていは3年で転勤だ。彼らは通りすぎていくことが前提の越境プレイヤーだ。小規模校なので、学校行事には地域の人たちが大活躍する。運動会は大人の参加なしに成り立たない。学校の運営自体が定住プレイヤーと越境プレイヤーの協働作業だ。そこにTAPPOという枠組みが登場し、学校の活動の幅が広がった。

近年とくに、「地域を元気に」の掛け声で、日本全国の自然学校や多様な団体が地域との連携や中山間地域の集落での活動を進めている。都市農村交流であったり、グリーンツーリズム、エコツーリズム、農林漁業体験、農家民宿・民泊、山村留学であったりと、かたちはさまざまだ。重点とする目標はそれぞれだが、多くの場合、目的の中になんらかのかたちで地域活性化の要素をもっている。地域、とくに農山漁村のもつ教育力に注目し、意識的に教育事業として展開しているところもいくつかある。そうした団体もこれまでは、自分たちで施設や敷地をもち、そこでの活動に地域住民が講師として呼ばれてくるパターンが多かった。場所だけ借りて、そこで外部からやってきたインストラクターらが子どもたちに体験事業を展開することも珍しくない。

「ＴＡＰＰＯ南魚沼やまとくらしの学校」事業は、活動をするための自前の施設はなく、特定の場所もない。村の公民館や小学校を借り、個人のお家におじゃまし、個々人の田畑や一帯の山や森で村の人たちと一緒に活動する。活動は日常と切り離されたひとコマではなく、とくに昔から続く暮らしの中の行為にそのままかかわらせてもらう。

講師はひとりではなく複数。彼らは同時に参加者でもある。村外からの参加者や講師も合わせて、みんなが教え合い学び合う立場になる。周辺一帯を含め、地域全体が丸ごと自然学校で、そこでは一方通行の「お客さん」はいない。誰もがそれぞれの立場で貢献し合う仲間として存在する。

つぎの章ではひとつの事例として、そんなＴＡＰＰＯの報告をしてみたい。

第3章　TAPPO「南魚沼やまとくらしの学校」の活動

1　TAPPOの目標

TAPPO「南魚沼やまとくらしの学校」を始めるにあたり、いくつかの目標を立てた。

①かかわる人たちみんなが地域に内在する価値を見つめ直すこと。価値観の変容にともなって暮らす人たちの幸福感が向上し、希望感が生まれること。

②そこで育つ子どもたちが地域をよく知ることで、彼らのアイデンティティ構築につながり、人として成長すること。自分が育つ場所や地域に誇りと愛着をもつようになること。

③外部の人たちを交えた事業を実施して、互いに学び合うこと。サービスを金で買う客でも売る側でもなく、互いに貢献し合う仲間として、入り、または受け入れること。

④小規模なビジネスをいくつか生み出すこと。
⑤現金や交換経済、地域経済を含む経済が総合的に回っていくため、人が命をつなぐため、村が続いていくためのすべての土台として、生物多様性への意識や理解を高めることと、生態系の保全向上をめざすこと。

地域に暮らす人たちが幸せで希望にあふれていることは、住民たちにとってよいだけでなく、地域を魅力的にし、外部からの訪問者を引きつける。そこで育つ子どもたちが、そこの地域を通してアイデンティティを確立し、誇りと愛着をもてば、そこで暮らしたいとも思うだろうし、世界中どこにいても自分の生まれ育った場所に貢献する人材となっていく可能性がある。

幾重にも重なった人的ネットワークをもち、互いに支え合う関係ができることは、集落を強くする。集落の安定度を増すだけでなく、村外の人たちにとっても安心につながる。これが第1部第1章でふれられている「相互依存」だ。「金」でつながっているのではない人的ネットワークは、第1部第3章の「地域間の支え合い」のように、集落の経済にも総合的に貢献する可能性がある。

村には農業以外の産業がないと住民たちは嘆くが、たったひとつの事業で食べていこうとするのではなく、自家用の米や野菜を育て、週末は客人のまかないもし、訪問者たちの講師も務めるなど、小規模ながら複数の収入源でやりくりするのもひとつの方法だろう。同時に、そうした小規模ビジネスの例をたくさん見せることで、子どもたちが将来の起業を想像できる環境になっていくはずだ。

そもそも本来の農山漁村コミュニティの安定度の高さは、その経済の多層構造にある。つまり、農山漁村社会の経済は、キャッシュだけでなく、モノとモノの交換や相互扶助による労働の交換も含んでいる。信頼に基づく重要情報の交換もある。お金に依存する割合がぐんと低く、キャッシュがないからといってすぐに死ぬことはない。一方で都市の生活は、貨幣経済の単層構造だ。キャッシュがなければ命がつなげない不安定な世界だ。水も、火も、食料も、全部カネと引き換えないと手に入らない。こうしたことを理解するためにも、農山漁村とのつながりは都市住民にとってきわめて重要だ。

また人の命や経済行動が健全な生態系によって支えられていることを身体的に理解できていることは、これからの地球市民にとってきわめて重要な要件だ。その理解をもって地域に暮らす人たちが増えれば、その地域は世代を越えて命と社会をつなぎ、持続可能性を増すだろう。

こうしたことを可能にするのが農山漁村の教育力だ。農山漁村の教育力を引きだすことが地域づくりにつながっていく、と私は考えている。

2　清水「やまざとワークショップ」

（1）交流事業としてのナメコのコマ打ち

第1章冒頭の清水集落ではTAPPO事業など地域づくりに本格的に取り組むにあたり、2008年に「清水地区活性化委員会」を結成した。全戸加入が原則だ。集落の現状を冷静にみた場合、これ

5月、残雪の山を背にナメコのコマを打つ

から集落を継続するには全員で真剣にあたらなくてはならないという思いのあらわれだった。

「われわれは崖っぷちに立ってるんですよ、いま頑張らないともう後がない」

清水地区の存続に危機感を感じ、長年にわたり外部の人たちと集落とをつないできた60歳代の高一《たかいち》さんは、折にふれてこう言う。

清水地区にかかわりの深い市役所の職員や私などエコプラススタッフを交えた活性化委員会の最初の会合には8人が集まった。議論は前向きかつ活発で、これから外部との交流を軸にさまざまな取組みを展開することになった。

集落の人たちは「お客さんに村の作業なんてとてもさせられない」と消極的だ。それに対し、来る人たちを「客」とみないで「仲間」や「協力者」として接してほしいことや、地区で必要な作業などを外部の人たちと集落の人たちが一緒にやることで、訪問者らは暮らしを学び、自然と深く交わりながら育まれてきた知恵や技術を理解できる、と私たちは説明した。交流のためにナメコのコマ打ちをすることになった。

標高1000mから1300mほどのところで採れるナメコは、直径5cmほどと大きくなり、肉厚で質がよいとされる。じっさい清水でも何人かが栽培加工していたが、高齢化とともにごく小規模な自己消費分だけになっていた。

そのときは交流事業のとっかかりとしてのナメコ打ちだったが、これが次第に清水のこれからを占うものとして、中心に位置づけられるようになっていく。

08年度は「やまざとワークショップ：清水宝物会議」という名称で、5月、8月、2月と1泊2日の事業が3回実施された。いずれも首都圏からの人たちと集落民が一緒に活動する。5月は残雪が残る山で大きなサワグルミを倒し、その場で約1万5000コマのナメコを打った。8月は村での火渡り行事の準備を手伝い、放棄されていた棚田を起こしてソバをまき、5月にコマ打ちをした場所で草刈りと原木の並べ替えを行なった。2月は雪掘りと水行の行事の準備を手伝った。作業のあとには毎回、村の人たちと一緒に地域のいまと未来を考える話し合いをした。加えて必ず、旬の食材を活かした見事な郷土料理、酒を交えての交流会があった。

人口60人を切る集落に、5月には31人が集落外からやってきて大にぎわいだった。全部の回を合わせると、関東圏を中心に合計63人が集まり、集落からは毎回8～11人が2日間の作業や交流会にかかわった。

（2）水路作業から学んだ

09年度の「やまざとワークショップ」は5月と9月に実施した。5月にはまたちがう山の中で、2万5000コマのナメコを新たに打った。9月には集落外からは4名という少人数で、しかも全員が女性だった。

その9月のプログラム初日。さわやかな秋晴れの空の下、4人の女性たちは集落の人たちに教わりながら、ナメコの原木まわりの草刈り作業を行なった。清水集落でただふたりの中学生も参加した。ナメコの原木地帯までの山道にはヤマブドウやアケビ、地元で「アマンダレ」「クズレ」と呼ばれるキノコなどがたくさんあり、参加した女性たちは目を輝かせて収穫。その日の夜の交流会では収穫したばかりのアマンダレでけんちん汁をつくってもらい、恵みを実感しながらいただいた。

2日目の午前中は地区の水路の維持作業を手伝った。水路は全長2㎞程度。水がきちんと村まで流れるように、水路の中に落ちている草や木の枝を取り除いた。

「自分が都市部の生活で、精神的にも物理的にも、いかに孤立しているかを思い知った。住んでいる地域でのつながりをもつことの大切さを感じた」

そのとき参加した20代半ばの東京から来た大学院生の言葉だ。集落の生活を支えている沢を住民自

水路整備の一環として草刈りをする参加者ら

ら管理しているところを目の当たりにしたことが、もっとも印象に残ったという。そこからの感想だった。

彼女は最後のアンケートにこう書き込んだ。

「想像と違った。水路の整備は、他では絶対できないこと。それができたのが良かった。他の体験を並べられない。お金を出していつも同じ商品を買えるという世界と対極にあると思った」

金で必ず同じものが手に入るという価値と、金を出しても絶対に同じものが手に入らないという価値と。お金では引き換えられない価値が農山漁村にはあるのだ。こんなふうに私たちも毎回、やってきた人たちから農山漁村の価値を教えてもらう。

同じときに参加した40代後半の会社員

は、何百年もたった水路をみて、「水路を管理する人々と、その水を使って稲作をする人々とは違う村なのに、何世代も黙々と作業をされてきたことには頭が下がります」とアンケートに書き、水路の管理にかかる手間に驚いていた。

上流の人たちは自分たちよりも下流の人たちのために水を汚さず、下流の人たちは上流の人たちに感謝しながら水を使ってきたのだろう。人手と労力をかけて守る水はとても大切に思えるはずだ。しかも先代たちが守ってくれていたから、いまも自分たちが使える。時を越えた明確なつながりを感じることができる。それは、それまで生きてきた人たちへの感謝に通じ、自然に生かしてもらっているありがたさにつながる。自分でなんの苦労もせずに、当たり前のような顔をして水を使っている現代の都市住民が水に対してもつ思いとは異なるはずだ。

こうしてこの女性は清水地区にしっかりと足をつけたことで、第1部第3章で岩崎氏が指摘している「水の教育力」を得て、水との身体性をわずかでも回復したといえる。

（3）交流から生まれてきたさまざまなアイデア

意見交換の場では、参加した女性たちは集落の人たちが地域にもっている愛情に感動したと話し、それぞれがどうサポートできるかを考えた。時間は短くとも、外で真剣な共同作業に取り組み、村の人たちに守られ、教えられ、そしてありがとうと言ってもらいながらの1泊2日は、村の人たちや環境に愛着がわくほど深く密度の濃い時間だったはずだ。それは個人旅行でも金で買う体験ツアーでももてない時間だ。

「地域活性化」が大学でのテーマだという学生は、「大学で勉強していることとちがう。もっと現実的な課題として考えていかなくては。若者たちに情報を知らせ、現場で手伝って協力することが大事だ」などと話した。

一方で、集落の人たちも意見交換の場で未来と決意を語った。

「2〜3年ではなく、5年、10年、１００年と清水が続いていくように頑張っていきたい」

「子どもたちが継ぎたいと思えるようにナメコを発展させていきたい」

そして、来訪者たちへの心遣いも示しながら、サポートへの感謝を語った。

「楽しんでもらいたい。アケビ採りなど作業を脱線しながらやってもらうくらいがいい」

「人がいっぱい来てくれることで自分が変われる」

こうした、熱く、かつ他人を思いやる気持ちをもった村の人たちだから、集落外の人たちが応援したくなる。

村の人たちのこうした発言も、外部の人たちとのかかわりによって生まれてくるのだ。未経験な人たちばかりとの野外での作業は気持ちのうえでも楽ではない。自分たちで参加者の安全を守りながら、同時に作業を教え、そして仕事はきちんと済まさなくてはならない。でも一緒に外に出てみると、集落外からやってきた、昼間はパソコンのキーしか打たないような運動不足気味の人たちが真剣に作業に取り組む姿をみて、心を打たれる。

集落の南側に広がる棚田を起こす。耕耘機の使い方を教わる参加者

話し合いでも、一生懸命に清水のことを想像し、考えながら発言する。まったくの他人であり、集落になんの縁もなかった人たちなのに。

彼らとのふれ合いが集落の人たちのやる気を刺激し、自分たちや地域がもっている価値を再認識することにつながっていく。「集落のよいところ」を聞かれて、9月の作業を一緒にした村人たちからこんな答えがあった。

「ありのままの自然、かけがえのない人情」

「集落全員の気持ちをひとつにして何事にもあたる」

「豊かな自然と人の和」

そして、清水の地域づくりをみんなで考えるなかで出てきたたくさんのアイデアを、実際に実現してみようではないかという気持ちをもつ人たちも出てきた。まだ50歳代の09年度の区長は、「みなさんがよく考えて発表したことをすべてやってみたい」と参加者の前で話した。

ＴＡＰＰＯがめざしてきたいくつかの目標が、ここにくっきりとかたちをともなって見えてくる。地域に内在する価値の発見と認識。集落内外の人たちの価値観の変化。暮らす人たちの幸福感の向上と希望感。集落内外の人たちが互いに学び合い互いに貢献し合う仲間として存在すること。

そして徐々に、次の節にあるような小規模ビジネスが生まれる方向に向かっている。

3　栃窪かあちゃんず始動

(1)　交流や自然を通した活気ある村をめざす

栃窪集落ではＴＡＰＰＯを開始して２年目に、意欲ある住民が加わる「村作り会議」を立ち上げた。同じ年、これからの地域づくりに関して中学生以上の全住民に対するアンケートを実施した。住民アンケートの回答率は64％。回答者の７割近くが高齢化と少子化を課題として認識していることがわかった。「少子高齢化」または若い人が戻らないことにともなって、後継者不足が生じ、伝統や文化の継承が難しくなる。アンケート結果では、魅力ある仕事がないこと、農業の収入が低いことが若い人たちが戻らない背景にあるとされ、遊び場や交通の便、冬の厳しさやコミュニケーションをとる場がないことも指摘されていた。

村のこれからについては、村内仲がよく、村を離れた若い人たちが戻ってくることを含めて定住者や来訪者を増やし、活気のある地域にしたいという希望が住民の意識として示された。その方策として、住民らがよいと感じている自然（新鮮な空気や水、山菜、景観、四季、よそにはいない生物など）と人や社会（地場の野菜やコメ、人情、知恵など）をさまざまに活用して、職場と収入につなげ、来訪者の増加につなげることが提案されていた。

このアンケートと村作り会議の中で、交流や自然を通した「活気ある村」をめざす大きな方向性が確認された。実現していくためには、住民たちの意識改革とビジョンの共有が必要であり、住民の主体的な行動が欠かせない。そして特産品の開発や交流の場づくりなどに具体的に動きだしていかなくてはならない。

それらすべての土台となるのが受け入れ体制づくりだ。地元の食材を利用した食事の提供などが大きな要素となる。食事の提供だけでなく、村づくりには女性たちの主体的なかかわりが大きな影響をもつ。

私はＴＡＰＰＯ活動初年度から、訪問者への食事提供をするグループの発足を待ち望んでいた。集落にはコンビニや食堂はない。エコプラススタッフにとっても、簡単に食事をとれる場所が必要だった。そして食事を必要とするプログラムも増えるなか、そのつど個々人に食事づくりを交渉するのは大変だ。賄いグループがあれば、私たちにとってありがたいだけでなく、女性たちの活躍の場がうんと広がる。プログラムで実績を積んで、いずれ集落を訪れる人たちにさまざまなかたちで地元のおいしい料理を食べてもらえるようにできると考えた。そしてこれが小規模ビジネスの端緒になる。

もともとこの地域では、女性たちが表になかなか出てこない。集落の「住民総会」でも、１世帯で代表がひとり出るのが慣例で、それもほぼ例外なく戸主である男性だ。集まりでも、男性たちが卓を囲んで話すなかで、女性たちは台所でおさんどんをしたり、お茶出しをしたりしている。会議に出たり発言したりするのは「でしゃばり」として、女性たちの中で疎んじられるのでは、というおそれを誰もがもっている。

けれども、時代も社会も変化している。変化を受け入れ、新しいことにも取り組み、自ら変われる集落が、いまから存続していくのだと思う。地域づくりには子どもも高齢者も、女性も男性も、全員の気持ちと協力が必要だ。みんなの地域なのだから。世帯主だからといって、考え方も知識も技術も人生経験も世界観も異なる家族のそれぞれをひとつの口で代表することはできない。

村作り会議という新しい場のよさはそこだった。そこでは村での役職や年齢、立場にかかわらず、意欲のある人が誰でも参加できるようにした。とはいえ「でしゃばりはよくない」とする土地柄から、これまでＴＡＰＰＯに積極的にかかわってきた人たちを中心に「村作り会議委員」を区長が任命するかたちをとって、出席しやすくした。もちろん委員でなくても参加できる。

初めは遠慮がちだった女性たちが、会議の場で徐々に発言するようになった。村づくりが他人事ではないことはもちろんだが、夢や希望を語る場は誰をも引き込む。ときには青年層も加わって、活発な意見交換の場になってきた。

(2) 栃窪かあちゃんずのウォーミングアップ

地域の山菜や自分たちでつくった野菜を素材として、伝統的な知恵がたっぷり入った郷土料理は、訪問者にとってもプログラムの趣旨からしても欠かせないものだったので、TAPPO1年目から何人もの女性たちにお願いして昼食や夕食、ときには交流会用のお総菜をつくってもらった。2年目には訪問者への食事提供をするグループをつくろうという流れになり、その核となる人たち数名が固まってきた。通称「栃窪かあちゃんず」と呼ばれている。

2009年は「栃窪かあちゃんず」本格始動の準備の年と位置づけ、まずTAPPO事務局が集落の30世帯ほどに家庭料理の聞き取り調査を実施した。6月だった。

自分たちにとって当たり前のものは客観的なよさがわからないことが多い。TAPPO初年度には集落の女性たちは、どうしてこんな野菜中心の普段の食事を遠方からやってきた人たちが喜ぶのか、と不思議そうにしていた。「肉や魚を出さないとごちそうではない」と言い張る人に、「よそから来た人は山菜やここの畑でとれたばかりの新鮮な野菜、昔からの工夫された料理に価値を感じる。ここでしか食べれないのだから」と説明しても、なかなか聞き入れてもらえなかった。

そんなわけでこの調査は、自分たちが普段食べているものを見直し、来訪者用メニューづくりのヒントを得るために実施した。集落で最近栽培が始まったズッキーニやかぐら南蛮を使った料理から、いまでは家庭でほとんどつくられなくなった納豆や豆腐まで、合計124品目が集まった。

「栃窪かあちゃんず」の試食会

6月後半、かあちゃんずの核になる女性たちと活動に賛同する男性数名とで、新潟県内で女性たちが地域づくりに積極的に取り組んでいる何か所かを視察した。

7月、ランチメニューをつくろうという掛け声で世代の異なる来訪者たちに試食してもらうさいには、5人の女性たちが17品持ち寄った。試食した人たちは「東京ではお金を出しても、かあちゃんずのような料理は食べられない」「レストランを出して」「ビアガーデンがいい」「つくった人の顔写真があるとアピールする」など、さまざまな意見を寄せた。

8月には、女子栄養大学の教授を講師に迎え、集落の5人の女性たちが持ち寄った32品もの食事を試食してもらった。教授からは、料理の組み合わせや使う器などの具体的なアドバイスのほか、現代人の食生活や栄養学の

「栃窪かあちゃんず」特製ランチ。この日は山菜づくしの料理

話もしてもらい、ごはんとおかずの組み合わせが基本である日本食のよさを見直し、自分たちがつくる料理と健康との関連性を強く意識する機会になった。

教授は出された料理を試食しながら、食材のよさに感心していた。「本当に優れた食材を使っているのだから、みなさんは味に自信をもっていい」と言った。また、「若い人たち」に遠慮しがちな高齢の女性たちに、各地ではある程度経験のある年代が主体となっている例が多いことも説明していた。長くこの地に伝わり日常的に食べてきたものが「自分たちの伝統食」だと考えて、家庭で子どもたちにしてあげるように気楽に提供していけばいい、と励ましていた。

参加した集落のひとりは、これまでも料理を出すたびに味つけについて悩んでいたが、講師から「自分の感覚を信じていい」とアドバイスを受けて気が楽になった、と言った。

こうしたことの積み重ねで、「かあちゃんず」の女性たちも「普段着の食事」の価値を理解し始めたようだった。

11月のTAPPOイベントでは、キノコ汁や炭火で焼いたあんぼと呼ばれるお焼きを出したり、オリジナル三色ぼたもちなど、多くのお総菜をつくった。おもてなし集団としての腕をあげたという声が村の中からも聞かれた。

(3) 進化の予感

「やってみたら人が喜んでくれてうれしかった」

2月、1年を振り返って70代の女性が笑顔で話した。

かあちゃんず活動は「楽しみ」だと50代の女性。イベントや畑仕事は手間もお金もかかるけど、張り合いになるという。村以外の人びととの交流を彼女たちは楽しみ、自分たちのアイデアによる総菜提供によってさらに自信をつけることになった。

「栃窪かあちゃんず」の結成によって、外部の人たちが集まる環境の整備の土台が見えてきた。同時に、小規模ビジネスとして展開する可能性を十分もったこの取組みが、他のビジネスを生む可能性もすでに見えてきた。例えば野菜市を開いて、そこに家庭用に栽培して余っている野菜を並べるなどだ。

まだグループが固まりきっていないなど、「かあちゃんず」の課題はもちろんある。こうした女性たちの輪をいかに広げ、深めていくか。自分たちの活動の目的が地域づくりであることをつねに意識できるか。何かと忙しい彼女たちがいかに時間をやりくりするか。

しかし、「かあちゃんず」はこれからどんどん進化する予感がある。

集落の近くにあるスキー場が経営するリゾートホテルの役員と話しているさいに、朝ごはんに郷土料理のビュッフェを出すのはどうかということになった。そのホテルには冬以外でも、繁忙期には連日2000人が宿泊する。スキー客が減少している近年、ホテルとしても地域の特色あるサービスをアピールしたく、かつ地域発展にも貢献したいと思っているのだそうだ。もちろん提供するのは限定数になるだろうが、そんな話が出たともちかけると、「栃窪かあちゃんず」の核になっている女性たちはにっこりと「やってみたいわね」と答えた。

4　田んぼのイロハ／食と暮らし

(1) 稲がいとおしく思えてきた

「いままでずっと、1日24時間じゃ足りないと思っていたのに、24時間ってこんなに楽しめるとわかった」

東京から栃窪集落に週末やってきた大学1年生の言葉だ。彼が加わったのは年5〜6回実施する

「田んぼのイロハ」週末農業講座の、草取りがテーマの回だった。同講座は、稲の苗が米になるまでの手づくりの稲作のやり方を座学と実習で学ぶ。同時に、時代にともなう農業の変化や抱える課題を、実際に直面している当事者らの口から聞く。

斜面に田んぼを拓いて暮らしてきたこの集落では、大型重機を入れた「効率のいい」稲作は不可能だ。ならば、昔ながらの米つくり、今風に言えば完全無農薬有機栽培、天日乾燥のコシヒカリをつくり、付加価値をつけて高く買ってもらおうと、集落営農組織である「とちくぼパノラマ農産」の晶さんは考えた。「田んぼのイロハ」はそれを応援するというかたちだが、実際は私たちや参加する人たちが勉強させてもらってばかりだ。

プログラムでは5月の田植えから始まって草取り、草刈り、水の管理、収穫、そして翌年のための田起こしまで行なう。ときにはあぜに大豆も植える。

この年、6月の草取りの回には、関東などから来た大学生やデザイナーなど十数人が、村の子どもたちを含めた二十数人と合流した。

草取り。それは「ただ草を取るだけ」ではなかった。

手で土をかき回して空気を入れることで、稲が大きく生長するという。取った草をまとめて土の下にねじ込む。これが有機肥料にもなるそうだ。除草剤をまったく入れないとどれほど草が生えるかを、いやというほど実感した。大きくなってしまった草を取るのは重労働だ。

「草は生える前に取れって昔の人が言ってたけど、本当だなあ」と、晶さんが笑いながら言う。しかし腰を曲げたまま、広い田んぼで力強い雑草を取り続けるのは笑い事ではない。

じつは晶さん、遠くから来た人たちが植えた田んぼの草を、その人たちが来る前に取っては申しわけないと、プログラムの日まで待っていたという。その間に稲以外の植物たちが勢いよく根を張った。

「何十年ぶりに草取りするよ」という村のおじいさんや、集落の小学校の校長先生らとあれこれ話しながら作業にあたる。手で草取りをするのは機械や除草剤が入ってくる以前の話だ。彼らも普段の自分たちの田んぼでは、稲の栽培過程のほとんどに機械を使い、除草剤をまく。一度でも除草剤をまいてそれが効けば、草はほとんど生えないという。

しかしこの田んぼでは草や虫を殺す薬を使わない。だからたくさんの生き物が暮らすことができる。参加していた3歳からの子どもたちは、しっぽが生えたままの小さなカエルやイモリを見つけては大騒ぎだ。

村の人たちの草取りはとにかく速い。おしゃべりしながら同時にスタートしたはずなのに、あっという間に先に進んでいて、会話が成り立たなくなる。ちょっと待って、と声をかけて、ヒーヒーいいながらやっと追いついても、また同じことの繰り返しだ。しかも、こちらが取ったあとを振り返ると、取って土にねじ込んだはずのオモダカやコナギが、にっこり浮かんできている。村の人たちのあとは、きれいだ。もう何年もやっていないはずの草取りなのに、手つきも体の使い方もねじ込み方も、遠い昔に身につけた技が健在なのだ。

有機農法による稲作とは草とのたたかいだ。この日、パノラマ農産のある人は「ひとりでやっていると泣きたくなることもあるけれど、今日は楽しかった」と笑顔で言った。

都市部の参加者からは「稲がいとおしく思えてきた」「いろんなことを知っているつもりだったけど、じつはなんにも知らないとわかった」など、たくさんの感動が伝えられた。

あまりに草が多く、この日は２枚の有機田んぼの草取りが終わらなかった。だが、草取りにはまってしまう人もいるからおもしろい。東京から来た40代男性は「これぞ稲作の醍醐味。田植えや稲刈りしか知らないで稲作体験だなんて笑わせる」と言ってのける。チャレンジするハードルが高く困難なほど燃えるタイプ、ということかもしれない。彼はやり残した草取りを続けるために、翌週末、再び栃窪にやってきて、集落の人たちをあぜんとさせた。

農山村は学びの空間だ。同時に、こうした共通体験が人と人、人と場所の絆をつくり、コミュニティをつくっていく。

(2) ふれあいの場、知恵を伝える場

プログラムでは生まれて初めて田んぼに入る人が多いが、一度経験するとプログラムに戻ってきてリピーターになる人が少なくない。

魅力はまず自然の中で体を動かすことだろう。大地や風、生き物などの自然とかかわること。体はくたびれても気分がよく、元気になっていく。誰もがいい笑顔を見せる。

そして来訪者にとっては村の人たちとのふれあいが、かけがえのないものになっている。都会では出会えない人くささと包容力をもった、味のあるお年寄りたち。70歳をとっくに越えていても、20代、30代のプログラム参加者よりもずっと手際よく作業を進め、重い荷物を運び、つねにこちらの安全を気にしながらやさしく力強く教えてくれる。集落の人たち、とくにお年寄りたちの笑顔がすかっと気持ちいい。夜の交流会では酒とおいしいツマミを交えて、再び話がはずむ。村の青年たちや壮年たちも一緒だ。

「土に向かって生きている人たちはすごい」と言った参加者がいた。本当に集落の人たちは魅力的だ。彼らの温かさににじんとくる。日中は村の子どもたちもやってくる。「久しぶりに子どもらしい子どもに会った気がする」というのも、多くの参加者の言葉だ。

その人たちが「また来いよ」と言ってくれる。帰る場所がある、また会いたいと思う人がいる。小さな友だちもできた。そして自分の身体と心で直接その大地とかかわることで、まるで故郷ができたような気持ちになる。

集落の人たちにとっても刺激になっているようだ。

田んぼの仕事は機械化前にやっていたしんどい作業だから、気は進まない。でも外から来た人たちが一所懸命やっている。捨てておけなくて面倒をみ始めると、教えるのも楽しいし、話をするのもおもしろい。自分たちにとっては当たり前だと思っていたことに、いちいち感動されたり驚かれたりするのも、自分たちや町での暮らしを客観的に知ることにつながっていく。そもそも自然の中で体を動か

村の子どもたちも参加して田植えをする

すのは気持ちいい。

　多世代同居の家庭だからといって、いまは子どもたちとお年寄りの間に必ずしも共通の話題があるわけではない。けれども、農作業の場面では、お年寄りたちに教えてもらわなくては進まない。子どもたちはおじいちゃん、おばあちゃんのすごさを実感し、お年寄りにとっては彼らの知恵や技術を孫たち世代に伝える場となる。

　近年の小学校では5年生になると田んぼに入って手づくりの稲作に取り組む。児童数の少ない栃窪小学校では、5年生だけではなく全校をあげての取組みになる。むしろ20歳以上の若者たちに、手づくり稲作の経験がない。農家で育っても、米つくりは完全に機械化されている。

　集落で生まれ育った恵一くんは、田んぼ

のイロハに加わって、21歳にして初めて六角（田んぼの中を転がして、苗を植えるポイントの跡をつける木枠）を回した。こんなことをするのは数十年ぶりだ、などと言いながら、まず恵一くんのお父さんが田んぼに入って跡をつけ、途中から交代した。お父さんが最初にコツを教える。

「あいつ、曲がってるぞ」などと言いながら、息子を眺めるお父さんはとてもうれしそうだった。

2日間のプログラムを終えて最後に、恵一くんはこんなことを言った。

「自分は田舎にコンプレックスみたいなものがあったので、こんなに田舎を好きな人がいることに感動しました。栃窪に21年間住んでいたけれど、こんなに大勢が一緒になって田植えをしている風景をみるのは小学校で田植えをしたとき以来です。都会で学ぶことと田舎で学ぶことはちがうと思う。自然や森から学ぶことがいっぱいある。カエル1匹からでも教わることがいっぱいあると思います」

恵一くんは、その少しあとの草取りの回にも加わってくれた。そのさい、「初めてころっかくを回したり田の草取りをして気づきました。やはり田んぼを想う気持ちと愛情と根気がないとやっていけないなと思ったんです」と語った。

また、やはり草取りの回で、「地域と教育」をテーマに修士論文を書いた学生が短い発表をしたとき、それに関して「自分の知識のなさをあらためて知らされ、とてもいい経験になった」と話した。

こうした機会によって、集落に生まれ育った若い人たちにとっては、地元の自然や環境、そしてそこに育まれてきた文化や先人たちに思いを馳せることにつながっているようだ。外部から同じような世代の人たちや異文化をもった人たちがやってくることが、彼らがやってみようと思うきっかけになっている。

そうした多様な人たちとかかわりながら、集落にいるだけでは見えにくい自分たちの暮らしている場所の価値や特徴に気づくことができる。自分について気づかされることもあるようだ。

２００９年11月に実施した田起こしの回では、集落の10代後半から20代前半の人たちが外部から参加した大学生らと意気投合した。翌早朝、まだ暗いうちから、おそらくこれまでやったことがないだろう「茶前仕事」（朝ごはん前のひと仕事）によって、手作業で1反分の田起こしを終わらせたことがあった。

集落の大人たちは、こうした若者たちを頼もしく思っている。そして外部から参加した若い世代を中心に、「栃窪の若い世代がしっかりとした考えをもっていることに刺激を受けた」「友だちができてうれしい」などの声が聞かれる。

田んぼのイロハの初回、２００７年5月の田植えの回には、地元の小中学生7人が参加した。全員、これだけのサイズの田んぼに入るのは初めて。田んぼの中の娘の様子をみた40代半ばの男性は、平日は町で働き、週末だけ米つくりに取り組んでいると、足手まといになる子どもに田んぼを手伝わせるなどと思ったことがないという。しかしその日、娘の様子をみながら「大切なことをなおざりにしてきた気がする」と、参加者のひとりに話していたそうだ。

(3) 自家用の野菜に農薬は使わない

数年前、中国産のさまざまな食品から高濃度の残留農薬が検出された。国内でも牛肉の偽装、人気のチョコレート菓子や老舗のお菓子のごまかし、偽物だったブランド鶏など、食品に対する不信感をつのらせる事柄が次々と明るみに出た。

先日、ある大手食品メーカーの人たちとおしゃべりをするなかで、「いやあ、食品製造ではずっと、みんな似たようなことをやってますよ」というコメントがあって、耳を疑った。これでは、見えないところで「誰か」によってつくられた食べ物は信用できない。

私が暮らす新潟県南魚沼市の農村ではたいてい、自家用に野菜や米をつくっている。安く育てて高く売るという前提はない。だから農薬も化学肥料もまったく使わないか、きわめて少ない。近くには、自分の畑で育てた有機野菜とこだわりの素材だけを使った料理を出す小さな飲み屋がある。最近行ったら「水ようかん」のデザートを出してくれた。質がいいことが舌でわかる。「小豆から自分でつくったんですよ」と奥さんが微笑む。

日常に食するすべてのものをひとつの地域で生産できるわけではない。それでも顔の見える人たちがつくったものをかなり追求できるのが農山漁村だ。

2008年度の日本の食料自給率はカロリーベースで41%。前年度より1%上昇したという。都道府県別にみると、東京は1%、大阪2%、神奈川県3%だ。2006年度の確定値で自給率100%

を超えるのは、北海道と東北地域4県、そして新潟県だ。

「10年前は頭がおかしいと言われた。いまでもそんなふうに言われることがある」と語るのは、南魚沼市で有機米の研究を重ねている若手農業経営者だ。有機野菜や果物を30年来つくり続け、表彰されたベテラン農家も「ようやく最近、風が変わってきた」と語る。２００６年12月には有機農業推進法が成立した。それでも国内生産量に占める有機農産物の割合はわずか０・18％（２００８年度）だという。

風を送るのは消費者だ。

あたり一面、機械や人工物に囲まれ、電波や電磁波にさらされて生きる私たち。せめて体内に取り込むものくらいは自然に近い、安全で、つくる人たちの魂が入ったものにしたいと願う。

初年度の「イロハ田んぼ」は、あまりにひどい雑草の生え方で、村人注視の「問題田んぼ」となった。米にならないのではないかといわれていた。しかしその田んぼも10月半ばに稲上げを終えた。１反で7俵。有機栽培では標準的だろう。「あんな状態でも米になるんだな」と、良くも悪くも、ベテランたちを驚かせたようだった。

無農薬、有機肥料、手刈りによる天日乾燥、手間ひまかけた「最高級品」だ。「これからは、安全でうまいコメをつくっていくのが消費者の理解を得る」と晶さんは言う。顔見知りになった村の人たちが暑い夏の間中、有機米をつくるために手で草取りをし、汗をかきながら作業する真剣な顔と姿は、目に焼きついて離れない。

プログラムの参加者も同じだろう。彼ら自身が素足で田んぼの感触を感じ、腰の痛みを覚えながら、手づくりの米の苦労を体で理解したはずだ。

自分たちで食べるものをつくる。そのプロセスで多くのことを考えさせられる。「安い食材が海外からくればいい」とは簡単に言えなくなる。こうした体験は、社会を構成するすべての人たちにあっていいように思う。

（4）土と山の恵みのプログラム

TAPPO事業のうち、自然と近く暮らすなかで蓄積された知恵を分けてもらい土に働きかける機会は、田んぼだけではない。2008年度は通年で4回、ある村の人の畑を舞台に、移り変わる季節とその産物を楽しんだ。

畑をうなって、タネをまいて、収穫する。野菜によって、好ましい土壌条件も、うねの立て方も、タネのまき方もちがうことに参加者はびっくりする。そして、絶え間ない草取りや水やり、野生動物からの保護と、じつに手間がかかっていることを知る。これだけ時間と愛情を注いでできたものなのに、店ではひとつかみ100円で売られていることにがく然ともする。

2009年度は、畑だけでなく、山にある野生の恵みを集めたり、ツルで細工をしたり、冬には長期にわたって雪に閉ざされた歴史をもつ人びとの保存食の知恵を教えてもらった。

畑をテーマにした2008年に、ずっと講師を務めてくれたのは祐子さん。東京出身の彼女は、栃窪に来てから畑も田んぼも覚えたという。村の人たちに教えてもらい、自分でも工夫しながら、いまでは村の人たちもつくったことがないものも含めてたくさんの野菜を自分で育てている。基本的には自家用だ。

黒豆、青豆に小豆、ラッカセイ、ニンジン、キャベツ、ネギ、ニンニク、ヤマイモ、ゴボウ、イチゴ、タマネギ、大根、カボチャ、トマト、ピーマン、キュウリ、ナス、トウモロコシ、ゴマ、スイカ、サトイモ、オクラ、ズッキーニ、ユウガオなど、私たちが知っているだけでも30種類近くある。

講座ではまず、6月に祐子さんの畑で大豆を植えた。

「苗は2つずつ植えると、競争して大きくなる。3つではだめ」と祐子さんは話した。生まれて初めて大豆の苗を植えたという、南魚沼市内から来た60代の女性は、「新鮮だった。3本でもだめということ、欲張ってもだめなんだと教わった気がする」と最後に語った。自分で食べるものを自分でつくることや、風が吹き抜けていく豊かな緑の中で汗をかく時間について、「本当の贅沢だと思った」と言った。

東京出身の祐子さんは、「母が栃窪に来るといつも『贅沢ね』と言うのが、なんだか嫌みに聞こえていたけれど、同じことを言ってもらえて、あれは嫌みじゃなかったんだね」と笑った。

翌7月は植えた大豆の成長を見つつワラビを採ったり、秋に団子つくりをするために使う笹を集めたりすることになっていた。このときは7歳、4歳の姉弟を連れた女性と、ほかに4人の大人が関東からやってきた。子どもたちの母親は普段は土も踏まないような場所で暮らしているので、2人の子どもたちにできるだけ自然にふれる機会をもたせたいと、頻繁にキャンプに出るなどしてきたという。知人からおたまじゃくしをもらって育てたりもしたそうだ。

まずは森の中に広がる田んぼの跡地でワラビ採り。まだ葉が広がっていないものや日の当たっていないものがおいしいこと、下からクキをなぞり柔らかいところで折ることなどを教わった。ワラビは最初、なかなかわからないが、だんだん見えてくるようになる。あちらこちらで「大きいのがあった！」と声が聞こえる。

ふと顔を上げると、すっぽりと緑に包まれているのに気づき、ほおっと思わず深呼吸が出る。4歳のりょう君はカエルやバッタを探し続け、見つけるたびに歓声をあげていた。

「ワラビを自分で採るなんて、ここに来なければ絶対にしなかった」と、神奈川県からの男性が笑顔で話した。

歩きながらあちこちの草むらをかき分けると、真っ赤なキイチゴの群生が見つかった。食べてみると、少し酸っぱい。そして講師の祐子さんがとっておきの場所へ連れていってくれた。高さ3mもあるようなカヤのヤブの中を、かき分け踏み分け入っていく。振り向いてもすぐに人が見えない状態だ。

「来てるー？」「大丈夫！」と全員で声をかけ合いながら進む。全員、満面の笑顔。背をかがめてヤブの中を進みながら、まるで子どもに帰ったような気分だった。りょう君といえば、何十回も地面に手をついて転んでいたけれど、ひと言も文句を言わずに大人のあとについてきた。

数十メートルも行くと、ぽんっと視界が開け、杉林とその下方に蓮が浮かぶため池があり、美しい光景が広がった。

いま通ってきたヤブの中に、おいしいワラビがあるのだという。

「こうした日陰には、ちょっと黒っぽい、太くて背の高い上質なワラビがあるんですよ」と祐子さん。大人たちはさっそく思い思いにヤブに突っ込みながら、ワラビを探す。両手でいっぱい採ってきた人もいた。そしてまた全員でヤブの中をわいわい戻り、畑へ到着した。

畑へ着くと、すぐ手前に大きな葉がたくさんついたカボチャのつるが伸びていた。雄花や雌花、受粉についての話のあと、そこでお昼となった。

祐子さんが育てた野菜と地域の山菜を使った料理が6種類も並んだ。彼女が育てた低農薬栽培のコシヒカリおにぎりを、近くの笹でおしゃれに包んだものが加わった。「笹には滅菌作用があるんですよ」と祐子さんが言うと、「へー」と参加者。これも大地に根ざす人びとの昔からの知恵なのだ。

大人も子どもも、たまらずにいっせいにお昼に飛びつく。

「おいしい！」

子どもたちも大人と同じだけのおにぎりを頬張り、野菜をたくさん食べた。

りょう君が生のキュウリを1本バリバリ食べてしまったのをみて、母親は声が出ないほど驚いていた。「うちでは絶対にこんなことないのに」。

りょう君は畑が珍しくてたまらない。虫を追いかけながら、出ている葉っぱを引っ張って、とうとう小さい大根を抜いてしまった。恐縮するお母さんに祐子さんは、「もっと大きいのを採りましょうか」と話しかけ、りょう君を脇から抱えるようにして、一緒にうーん、と引っ張った。今度は大きな大根がスポン、と抜けた。

りょう君はもう大根を放さず、7歳の姉から記念撮影をしてもらっていた。得意そうに、右手でぐっと大根をつかんでのポーズ。

その後は全員で笹の葉の処理をし、ワラビのあく抜きや、きんぴらにする食べ方を教わった。お昼に食べた植物が生えている場所まで行って実際の姿をみたり、近くの池でヤゴやイモリなどの生き物を観察したりもした。

温泉に入って外に出ると、ホタルが飛んでいた。

プログラムの最後に、ひとりの参加者が「看護師という仕事柄、肥満の子どもが増え、それが病気につながっていくのを実感している。こうした体験で、子どもも大人も食の大切さを実感できる」と話した。

自然の不思議さやつながりを見つけるためには、どうしても田舎に行くという必要はない。道端の街路樹の根元にある野草や土壌生物からもたくさんの発見があるはずだ。でも実際に口に入るものや人間を含めた生態系全体を考えるには、農の現場は最適だ。

東京に戻った参加者から、こんなメールが届いた。

「畑の野菜たちも愛情を込めて育てているからこそ美味しくなるんだよね。子育てと一緒だなあと…

…。今はコンビニなど便利なものがあふれすぎていて、それがあたりまえの環境の中にいると、生活するための知恵や、本当に美味しいものは何か、ものの大切さ等がわからなくなる。そんな親に育てられた子どもたちはもっとだよねぇ。裕子さんがつくる愛情のこもったお料理を食べて育ったら、新聞やテレビで報道されるような嫌な事件は起こらないんだろうなあ。『食育』の大切さを改めて感じた一日でした！」

なるほど手間ひまかけて野菜を育て、料理をつくることの背景にある愛情が子どもたちにも伝わる。これこそが「食」で「育」むことの本質なのか。

りょうくんは、持ち帰った小さな大根をそっくりそのままお汁にしてもらって全部平らげたそうだ。これも母親を驚かせた。これまではいっさい野菜に口をつけなかったというのに。

こうしてまた私も、来てくれた人たちから大切なことを教わる。新しい視点が加わり、農村や地域のもつ価値がさらに見えてくる。

5　棚田草刈りアート日本選手権

(1) こんなバカなこと

「銭まで払って草刈りするバカがどこにいるかと思っていたが、やってみるとおもしろかった」

2009年7月19日、2回目となる棚田草刈りアート日本選手権大会が枥窪地区で開かれた。南魚沼市の「平野部分」からやってきた住民の声だ。

標高500m前後に位置する枥窪地区では、斜面に田んぼがつくられ棚田になっている。圃場整備が進み、多くの田んぼが大きく四角くなったとはいえ、棚田であることは変わらない。それは法面が大きいということでもある。

無農薬、低農薬での米つくりや生態系への影響をできるだけ少なくしようという環境保全型の農業に取り組むことは、除草剤をまかないということ。広いあぜや法面の草を暑い夏中、手で刈り続けなくてはならない。それはとても大変な作業だ。

そんな草刈りを「アート」に変えて楽しんでしまえ、というのが「棚田草刈りアート日本選手権大会」だ。

2007年の夏、集落のある男性が草刈り中に思いついて、自分の田のあぜいっぱいに「TAPPOやまとくらしの学校」という草文字をつくり上げた。これが村の中で評判になった。

「ちょっと、あれみた?」と、行きかう人たちが声をかけあう。

山すそに広がるあちこちの棚田に、こんなふうに文字やアートがあふれたらおもしろい、ということで実行委員会が組織され、2008年の初回となった。当初ある種のノリで集まった実行委員たちだったが、計画が進むにつれ不安が募っていたようだった。何しろ、ひとりを除いて誰もやったことがない。

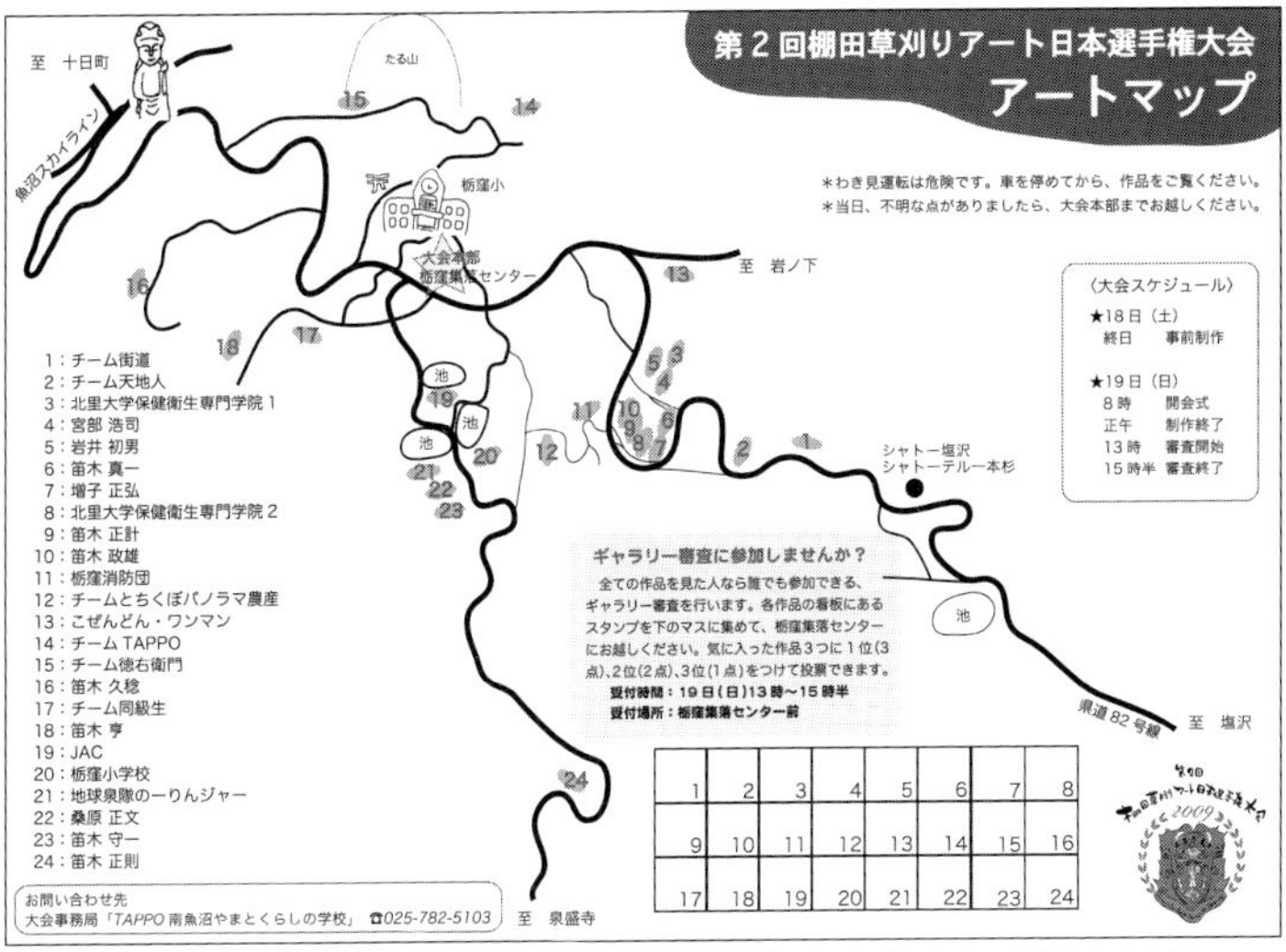

図2-3-1　棚田草刈りアート日本選手権大会案内図兼採点用紙

「こんなバカなことにほかの人たちが賛同してくれるだろうか」「せめて自分たちだけでも、見せられるような作品をつくらなくては」

　本番が近づくと実行委員たちの何人かは、「練習」と称して道路沿いのあぜにさまざまな文字をつくり始めた。

　初年度には選手として、地元勢が16組24名、平野部や首都圏から6組7名がエントリーした。生まれて初めて草刈りをする、という人もいた。こうした初めての人たちには、地区の人たちの手厚いサポートがあった。

　本番前の練習作品や、当日多くの人たちが草刈り機を振り回しているのに刺激され、エントリーしていなかったにもかかわらず「つくってしまった」という人も数人あらわれた。

　初めての大会は7月後半に実施された。暑い盛りだ。朝8時、集落センター前の広場で開会

第1回草刈りアート日本選手権で、バラの花を作成中の男性

式が行なわれた。

頭にタオル、とび職人のズボンに地下足袋、肩から草刈り機をたすきがけに担いだ希佐之《きさゆき》さんが、左手をななめにまっすぐ伸ばして、大きな声で選手宣誓。

「なんぎい（難儀な）草刈りを、つくって楽しい、みて喜ばれるアートに変え、この地域から、全国、いや世界の棚田の地域が元気が出るよう、刈りっぱらうことを誓います！」

このあと「選手たち」はいっせいにそれぞれ割り当てられたあぜのキャンバスに向かった。場所によっては傾斜が30度前後、高さ9～10mもある急で高い畦畔に、思い思いのデザインを描き出した。

この大会を見に南魚沼の平野部や東京からも多くの観覧者が訪れた。複数のアマチュアカメラマンたちがどこからともなくあらわれ、普段は静かな栃窪がそのときだけ別な場所になったようだった。

地区にはコンビニや食事処がなく、来訪者が大変だろうという声に応えて、昼食には地元のお母さんがつくった野菜カレーが振舞われた。

その後、審査員12名と見に来た人たちの得票を合わせて、上位3チームと6つの特別賞が選ばれた。優勝は「プレゼント」というタイトルの作品。直径3m以上の大きなバラの花だった。「誕生日おめでとう、淳ちゃん」という草文字も飾られていた。その日が作者の奥さんの誕生日だった。「バラをたくさん買えないので、これでプレゼント」というストーリーが好評だった。

夕方からの表彰パーティーは、集落センターの大広間を埋めつくして大いに盛り上がった。3位に入賞した男性の家族が、「じつはお父さんは脇を刈っていただけで、本体は私（妻）と子どもたちの作品です」などという暴露話もあった。誰もが腹を抱えて大笑いする、気持ちのいい場になった。祭りのときのような、かかわった人たち同士の連帯感を感じさせた。

大会長を務めた当時の区長は「思った以上にセンスのいい、想いのこもった作品が出揃った。1回目にしてはレベルの高い大会となったと思う」と感想を述べた。また、70代の選手からは「65年前から草刈りをやっている。子どものときは6束《そく》（筆者注：1束《そく》は直径10㎝ほどの束《たば》を12個束《たば》ねたひと抱えほどのもの）刈ってからでないと家に帰れなかった。最近はあぜの草刈りは容易ではないからやっていなかったが、この企画なら自分も参加できると思い、エントリーした」とのコメントも寄せられた。

(2) つながりという価値

このような表彰式でのコメントや、後日寄せられた感想、関係者打ち上げでの意見、見物に来た人たちの感想などを概観すると、「棚田草刈りアート日本選手権」実施の価値は幾重にも重なって見える。

声を分析すると、この事業が生み出した価値は「つながり」に集約される。家族ぐるみで草刈りアート制作にあたった人たちは多い。それは総出の応援だったり、お茶を用意してくれる気遣いだったり、制作そのものの補助だったりする。「子どもが初めて草刈りにかかわった」「家族でやれて本当によかった。普段はなかなかない対話や共同作業ができた」「お父さんを応援する家族の姿に心があたたまった」などという声が寄せられた。

集落センターの廊下には草刈りアート作品の写真がかけられている。1年近くたったあるとき、小学3年生の少年が学童保育の先生に「これボクのお父さんがつくったんだよ、ボクも手伝った」と、とても誇らしそうに話していたという。家族で協力して何かをつくり上げるうれしさ、そして自慢できることの誇らしさ。そうしたものが子どもたちの自信や地域との絆につながっていくのだろう。

草刈りアートイベントでは「世代間のつながり」も指摘された。先述の70代の人の話がいい例だが、先人の体験を知ることで自らや現代を顧みることにもつながった。

「いまの暮らしとのつながり」も直接言及された。初めて草刈りをしてみた東京からの女性は、「米をつくることがこんなにも大変だとは思いませんでした。お米のありがたさを実感した」と語った。

「地域全体のこれからのヒント」としてもとらえられた。

見学に来た専門学校の講師は、「地域活性化のために必要な真の豊かさが開発によって得られるとは限らない。栃窪地区だけでなく、周囲の地域全体にとってこれから進んでいくべき方向のヒントがここにある気がする」と話した。長野県泰阜村からの男性は、「心揺さぶるすばらしい取組み。泰阜でもその発想を生かしたい」と語った。

「美」という観点からの価値もあった。

来訪者たちからは、草刈りアート作品そのものだけでなく、周囲の光景とマッチした美しさ、作品を観るために初めて歩み入った場所がもつ神々しさ、吹き渡るすがすがしい風に言及するコメントも寄せられた。

集落への注目についても語られた。たくさんの人たちが見にやってきたこと、村を通過中の車やバイクが速度を落としてつぎつぎと作品を見ていくこと、「最近栃窪ってスゴイね」と言われたことなどが報告された。加えて、東京から里帰りした集落出身者が後日、事務局を担ったエコプラスの東京事務局をわざわざ訪ねてきて、アート企画がとてもよかったと熱く語っていった。

栃窪在住の女性は内からの活性化に注目した。

「地域の活性化をはかるにはどうしたらいいのか。まずは地元の人びとという財産があります。人と人とのふれあいをもっと増やすことができれば、可能なことなのだと今回あらためて感じました」

参加した人たちも、見学した人たちも、審査にあたった人たちも、誰もが「楽しかった」と語った。そもそも草刈りは大変な作業であるし、それをいきなり「アート作品」にするための悩みもあった。実行委員らにとっては、しばらく観賞してもらうための維持作業を含め、時間的にも体力的にも容易ではなかったはずだ。しかし多くの人たちが作品を楽しみ、取組みに対して称賛を受けたことで、「やってよかった」と思えたのではないだろうか。

実行委員のひとりは反省会で「アートをつくるのが目的ではなく、その先にあるものをめざしている。その根幹を理解してもらえるようにしていきたい」と語った。こうした思いが地元にある限り、パワーとホスピタリティのあふれた大イベントであり続けるだろう。

地域の人たちが楽しむこと、これが活性化でもっとも大切なことだと思う。外部の人たちにも楽しみを提供できることはうれしいことでもあり、この試み自体の理解者が増えることは自信と誇りにもつながる。

(3) 草刈りアーティストたちの感想

翌年、2009年の第2回棚田草刈りアート日本選手権大会には、24チーム53人が参加した。南魚沼を担当する県職員らでつくる「地球泉隊のーりんジャー」や栃窪小学校、それに高校生を含む若者チームなど、多様な人びとだった。今回もやはり、見ていてついやりたくなったという人たちが飛び入り参加した。

選手として参加した地元の高校生はつぎのようなコメントを寄せた。

「僕は今回初めて草刈りアート日本選手権大会に参加しました。普段から草刈りをしていたので、ツラさをよく知っていました。どうしてわざわざアートをしなくてはならないのか、よくわかりませんでした。でも地元の先輩や大人の方々と作品の構成などを話し合っているうちに、次第に選手権が待ち遠しくなってきました。当日は多少のアレンジを加えながら、チームの3人と地域の方々とで協力して納得のいく作品をつくることができました。賞をとるには至らなかったけど、作品が完成したときのすがすがしさと達成感は何ものにも代えられません」

ＴＡＰＰＯのプログラムの常連でもある東京在住のデザイナーは、初年度の大会にも参加していた。生まれて初めて握る草刈り機。大きなあぜを与えられ、自分の足もとの草の模様がどう見えるのかわからず、あぜを降りては確かめての繰り返しで、作成当日は疲れ果てていた。しかし打ち上げでは酔いにまかせて、「来年は自分が優勝カップをこの村から外へ持ち出すぞ！」と宣言した。

2年目の参加を終えて、報告書のためにこんな文章を寄せた。

今年は不安がいっぱいでした。昨年の打ち上げで、「優勝杯村外流出宣言」をしてはみたものの、ここ数年、運動らしい運動は何一つやっていない体がもつかどうか……。1週間前に練習したのですが、典型的なメタボの肉体には、徳治さんの草刈り機はあまりに重く、肩と腰にずっしりとのしかかり、心臓バクバク、足下ふらふら、たった10分程度やっただけで、缶ビールを持つ手がぶるぶる震えて止まらないという有り様にがく然としていたのです。おまけに都会生活というのは、頭の働きも疲弊させるらしくて、作品の構想がまったく浮かばないことにも不安を感じていました。でも、棚田の広大なキャンバスに立った瞬間、目の前に広がる雄大な山々と塩沢の街並みを見た瞬間に、この光景をスケッチしようとひらめきました。まさに大地の光景を大地に写す、地球のスケッチです。草刈り機を背負って、越後三山の稜線を描き、振り向いてはその優美な造形を目に焼き付け、そして棚田の斜面に刻み込むという作業を繰り返しました。自分が、ここに今こうしていること。なんて気持ちがいいんだろう、なんだか生きてるって気がする。桑原一男さんご夫妻に助けていただいたのは、ほんとうに助かりました。おまけに賞までいただいた（筆者注：特別賞受賞）瞬間には、思わず涙。栃窪という、こんなステキな人たちが暮らす心のふるさとを持っている俺って、ほんとに幸せ者。来年こそは優勝じゃー

専門学校の職員5名でチームを組んだ、奈良県出身の男性は、つぎのように話した。

「今回参加してみて、ひと粒のお米に込められた人びとの思いをかいま見た気がします。農薬も除草剤も使わないほうがもちろんいいんだと消費者の立場から思っていましたが、その背景にある生産者の苦労を知りました。本物のおいしいお米の価値というのは味だけじゃないんですね。1杯のごはんの背景にあるたくさんの人びとの努力に思いをはせ、舌だけではなく心でごはんを食べればよりいっそう味わい深く感じるようになりました。また何よりも楽しかったのは、地元の方々との交流です。

われわれのようなよそ者を抵抗なく受け入れ、第二の故郷のように思わせてくれる、栃窪は本当にすばらしい地元力（地域を元気にする力）をもっていると思います」

2年目となった2009年には、大会中、集落センター前の駐車スペースで初めての試みとして野菜市を開いた。集落の人たちがジャガイモ、キュウリ、ズッキーニ、ミニトマトなど、さまざまな野菜を寄せ、順番にテントに入って、やってくる人たちと話をしながら野菜を売った。

集落外から来た人たちには「店で買うより安いし、新鮮なのがうれしい」と喜ばれ、集落の人たちにも「こんなにいろいろな野菜が採れるとは知らなかった」と驚かれた。この試みも小規模ビジネスのヒントである。

草刈りアート大会では平野部から来た人たちが「こんな急な法面は初めて見た。ここでの畔管理の大変さを感じた」と話した。棚田は経済効率からすればきわめて不利な地形だ。けれど草刈りアートのような試みは、こうした広いあぜがある地形をもつ場所でしかできない。通常のモノサシでマイナスにとらえられることも、発想を変えればとてもポジティブで豊かなものとなる。

自分たちがもっているもの、そこにあるもの、住む自分を楽しむことから、新しい時代は生まれるような気がする。そんなことを教えてくれる事業になった。

6　集落に起きた変化

先に述べたように、栃窪集落では２００８年にこれからの地域づくりに関して住民アンケートを実施した。住民たちのほとんどが少子高齢化が課題だとして、これからは交流や自然を通した「活気ある村」をめざしたいとした。

それを受けて、ＴＡＰＰＯはさらに事業を展開し、受け入れの土台となる「栃窪かあちゃんず」グループも始動した。

一方、清水集落では２００８年を通して、地区の将来に向けての意見交換会を何度か行なった。４月の時点では、ＴＡＰＰＯで都市部の人たちを集め、一緒に「お試し」としてすることにしたナメコのコマ打ちだったが、10月の会議では、「ナメコをきっかけに村が一丸となって動き始めているのを感じる」「来春もまたコマ打ちして、続けていこう」などと、「ナメコ」をとっかかりにやっていこうという意見が続いた。「子どもたちが住み続けられるような清水をどうやってつくっていくのか」という集落の課題解決に向けて、前向きな意見がつぎつぎと出され、自分たちで清水をおもしろくしていこうという意志を確認しあう機会ともなった。

２００９年に実施した地域づくりのための集落アンケートでは、財産として「おいしい水」「空気」「巻機山」と恵まれた自然環境を評価し、夢として「土産物屋やコーヒーショップ、食堂などをつくる」「キャンプ場を整備する」などの意欲的で具体的な声が上がった。こうした意欲や意見には、2008年から続いてきたTAPPOプログラムや、その参加者とのやり取りの積み重ねがヒントともなっていた。

集落の人たちの声はこれまでの章でもふれてきたが、TAPPOによって集落にはどんなことが起きたのか。TAPPOは集落の人たちにとってどんな意味があると認識されているのだろうか。

（1）元気と活気

2010年3月、立教大学主催のシンポジウムに、清水地区の彰一さんがパネリストのひとりとして登壇した。これは、自然学校と持続可能な社会づくりとの関連をテーマにしたもので、鹿児島や長野県などから5つの団体が事例紹介を行ない、TAPPOもそのひとつだった。

会の中で彰一さんは「どこまでやれば地域活性化が成功なのか正直よくわからない。でも、TAPPOのかかわりによって、集落が確実に変わってきている。外から来てくれる人たちにエネルギーをもらっている」と語った。何度も繰り返し清水にやってくる人たちがおり、地区の人たちも力強い応援団ができ始めていることを実感できるのだろう。

立教大学でのシンポジウムの10日ほど前、栃窪地区では「地域作り会議」が開かれていた。1年を振り返って、「栃窪かあちゃんず」で活躍した和子さんが口を開いた。

「まだ慣れておらず、どぎまぎした状態。みなさんが喜んでくれていることがうれしい。ある野菜でどんな料理をつくろうかと頭を使う。それが私の活性化になっている。私の元気です」

自分がかかわった人たちから感謝されたり喜ばれたりすることが張り合いや喜びになっているという声は、ほかの女性たちからも聞かれた。参加者たちが集落の人たちからさまざまなことを教わるのと同時に、集落の人たちにも得るものがある。

慣れないこと、初めてのことに真剣に取り組む訪問者の姿に感心したり、「（やってきた人たちが）言われたとおりに、苦労しながら苗を植えようとする姿勢に感動した」という声もあった。

いろいろな人がやってきて、いろいろなことが起きて、集落の人たちにとってもチャレンジがあって、40代男性は「村が明るくなった」、70代の男性たちも「村に活気が出てきた」と話した。

（2）若手と女性たちの動き

つぎに注目されるのが、若手と女性たちの動きだ。

自分たちと同じ世代の若い人たちが訪れるので、栃窪集落の10代から20代が交流会やTAPPOのプログラムに顔を出すようになった。「TAPPOがいったい何をしているのか知りたい」と言ってましたよ、と東京から来た大学生らの仲介で、村の青年たちも企画会議や村作り会議に顔を出すようになった。

村の政治にはいっさいかかわれなかった若手たち。しかし地域の課題も認識し、将来に向けて自分も何かしたいと思う気持ちをしっかりともっていた。

頼まれれば子ども事業の手伝いをしてくれていたのが、２００８年には「冬の時期に雪国のおもしろさと大変さを伝えたい」と自分たちで言いだした。２００９年1月の村行事「さいの神」に合わせて、外部の人たちを受け入れ、雪ほりや雪遊びを一緒にやった。実施にあたっては彼らがやる部分がさらに増え、全体の進行も行ない、子どもたちとのやり取りも考えるようになった。若手のＴＡＰＰＯ事業へのかかわりが増していった。

それに女性たちを中心とした「栃窪かあちゃんず」の動きも加わり、２００９年度は若手と女性たちがかかわりだしたことが一番大きいことだ、と区長は話した。

（3）夢や希望が湧いてくる

清水でも栃窪でも、こんなことをやりたいと夢や希望を語る人たちが増えた。

「食堂を出したい」「ナイトコンサートをやってはどうか」「下草を刈ってもっと山をきれいにしよう」「お茶を飲めるようにしたい」「観音様の祭りに合わせて出店を出したい」「ナメコがたくさん出るぞ」

そして、そこに暮らす人たちの自分たちの場所についての思いにも、少しずつ変化が見られるようになった。

「これまでさんざんサルだ、奥地だとばかにされてきたのに、いきなりここはいいところですね、なんて言われたって、納得できない」と言っていた50代の男性も、「そんなに悪いところでもないかもしれない。そういえば、子どもたちに学校出たら戻ってこいって言ってる自分に気づいた」と話すようになった。

自分たちには当たり前すぎて、大した価値もないと思っている技術や知恵のすごさや、農村がもつさまざまな可能性を住民たちが認識してくれれば、TAPPOの第一歩は大成功だ。それが価値観の変化の始まりなのだから。

(4) 地域住民同士の新たなつながり

集落の人たちの言葉からわかったTAPPOによる変化として私がびっくりさせられたのが、これによって地域内のつながりが新しく生まれてきたということだった。

「私とくらさんはいままで会う機会が少なかったが、『かあちゃんず』を通して頻繁に話すようになった。これもうれしいことだ」と、和子さんがみんなの前で言った。

彼女は集落の出身ではあるが、長年村の外での勤務が忙しく、家では家の仕事が山ほどあり、定年になるまでは村の中にいるときも、ほかの家に寄ったり、ほかの人たちとゆっくりかかわったりすることができなかったという。

たしかにそういう人たちはたくさんいるはずだ。とくに兼業農家の時代となり、田畑はじいちゃん、ばあちゃんに任せ、夫婦ともに町に働きに出るのが当たり前になっている。栃窪でも、集落営農が始まる直前には専業農家は1軒もなかった。そうした両親たちは、家に戻れば子どもたちの世話や家の面倒、週末には田畑の世話があった。

数多い地域の会合や行事には世帯の代表として祖父か父が出るのが通常だ。女性たちは家のことが忙しく、とくに普段家にいられないことから、休日もなかなか家の外に出ていくことができない。TAPPO事業では、これまでの習慣を越えて、女性や若手が会合に参加して自由に発言を求められ、意見が現実のものになっていく。自分たちで主体的に動き、それにほかの人たちが協力するので、一緒に相談しながら活動するうちに親しくなる。

小さな集落だからといって、すべての人たちが風通しよく話をし、知り合っているわけではないのだということに私も気づかされた。そして、従来の地域作業になかった枠組みでのプロジェクトが、集落内での新しいネットワークをつくっていくことにつながっていたことを知った。TAPPO事業ではこれまでも、世代を越えた対話や相互理解が見られていたが、これはまたちがうベクトルのつながりであり、そうした多様なレベルでの人びとのつながりがさらに地域を安定させ、元気にさせる力になると想像できる。

(5) 環境意識の変化

TAPPOによって変わったことの最後に、人びとの環境意識の変化があげられる。TAPPO開始後、まっさきに取り組んだのが「生き物調べ」と呼ばれる生態系調査だ。自分たちが暮らす場所に何が生きていて、どんな状態なのかを知ることを目的として、冬季を除いて毎月実施してきた。主たる対象は栃窪の住民たちで、講師は一帯の生態系を研究してきた高校の生物教師だ。

大人たちは子どもの付き添いとして来たり、ときには無理やり引っ張り出されてやってくる。あたりを眺めながら村の中をただぶらぶら歩くなんてことは、それまでは時間の無駄ではあっても、なんら建設的な意味をもっていなかっただろう。

「こんなふうにあたりを見ながらなんて歩いたことはなかったなあ」と大人たちは口々に言う。

それでも子どもの頃に周囲の自然の中で遊んでいた彼らは、どこにいつどんな植物があるのか、よく知っている。どこに泉がわいていて、何が食べられてどうやって遊んだものだ、と話してくれる。子どもの頃たくさんあったものがいまはめっきり減った、などの話も出る。お年寄りは、さらに昔の状況を教えてくれる。そうした情報は生態系の変動を長期の視野でとらえるうえで欠かせない、貴重なものだ。

一方、地元住民がもっているものと異なる側面の知識を、専門家は教えてくれる。主たる講師の深沢さんとその同僚が、顔色を変えて興奮していたのが「タヌキモ」という水草。「図鑑でしか見たことがなかった。こんなところにあったとは」と、うれしそうに話した。

タヌキモは、水を張ったまま耕作放棄されている集落内の田んぼにいくつも見つかった。素人目にはなんの価値も感じない、水面からほんの数センチ、茎が出ているだけの水草だ。葉の付け根には数ミリの袋がたくさんついていて、それで小さな虫を捕まえる食虫植物だと聞くと、「へぇー、これが」となる。

水質汚濁などで全国的に減少しており、とくに関東圏や関西圏では絶滅が心配されている。栃窪地域にはほかにも絶滅が危惧されている動植物が種類も量も豊富にいる。昔なら至るところにいた動植物が環境の変化にともなってよそでは激減したために、栃窪が珍しい場所になったようだ。

「栃窪には、大昔は当たり前にいた動植物や、江戸時代あたりから続いている人の暮らしに頼って生きてきた生き物が、いまも同じような顔ぶれで普通に住んでいるようなのです。これは、大変珍しいことです」と、日本自然保護協会の横山隆一常勤理事は話す。

つまり、もともとここだけにしかない特殊なものがあるのではなく、開発にともなってほかの場所では絶えていったために珍しくなったものが、多種大量に「残っている」ということだ。

専門家に自分たちの地域の位置づけをされ、集落の人たちはちがう視点から地域を知ることになる。暮らしている場所の個性は、その人のアイデンティティに深くかかわっている。地域の自然の特性や集落の環境上の個性を知ることが、自分たちを知ることにつながっていく。アイデンティティは個人が社会の中で生きていくうえでとても大切な礎だ。それがしっかりとできているかどうかが、その後の成長や、試練や課題にぶつかったときの対応にかかわってくる。

参加した集落の大人たちは「楽しい」と話す。これまでずっと知っていた生き物を別の目で見ることができる。「こんなのが世間では珍しいのか、ここにはたくさんあるけどな」と、うれしそうに話す。

水草や昆虫など、これまで気にしたこともないような生き物に大きな価値を見いだす人たちがいることを知ったり、希少なものが自分たちの地域にあるとわかったりすることは、誇りにもなる。同時に、それをずっとつなげていくには何が必要かを考えなくてはならないことでもある。

これまた希少種になっているバイカモという水草やクロサンショウウオがうようよいる場所が村の真ん中にある。すでに村を離れたその土地の所有者が、草もひどく生えてくるので整地をしようと考えていたという。それを聞いた村のある人は、「あそこには貴重な植物や動物がいっぱいいて、整地なんてされたら大変なことになるから、頼むからそれだけはやめてくれ、と止めたんだ」と笑っていた。

豊かな生態系は古来、そして今でも、人間の命と社会の基盤になっている。いかにモノがあふれても、経済成長率が高くても、大気や水や土が汚染されていたら人は生きていけない。モノを生み出す原材料が枯渇してしまったら、産業も何もあったものではない。

人の社会が長持ちするかどうかは、ほかの多くの生き物が一緒にそこで暮らしていけるかに関係していると、前出の横山さんは言う。栃窪の地域づくりにとっても、多様な生き物が暮らせる環境を保全していくことは重要な意味をもってくる。しかし、環境の保全は理屈だけではできない。「守りたい」という思いは、愛着や愛情、思い出などという感情と切り離せないものだ。

あるとき、地域の50代の男性が、自分で自分にびっくりしたという話を聞かせてくれた。家の敷地内のため池からホースで水を吸い上げていたら、すぐ側にカエルがいたという。カエルが吸い上げられると機械を傷めるので、「これまでの自分なら、即座にそのカエルを拾い上げてどこかに投げつけていたと思う」と言った。「でも」と彼は続けて、「自分はそのカエルをそーっと取り上げて、アマガエルかな、アオガエルかななどとしばらく眺めてから、安全な別の水場にそっと放したんだよ、自分で信じられなかった」と言った。

知らず知らずのうちに、集落の人たちの中に地域の生き物に対する愛情や親近感、大切にしたいという気持ちが湧いてきているようだ。環境への意識も確実にあがっている。これが、苦役である草刈りをし続けても、除草剤をできるだけまかずに環境を保全するという決意にも貢献しているだろう。

集落の子どもたちの観察力と知識については、生き物調べに参加する外部の大人たちが舌をまく。生き物を見つける力もすごいし、あとで絵を描くと的確に特徴をつかんでいる。そして、関東からやってくる子どもたちに時折あるようには、ヘビや虫を怖がらない。講師がヘビの口を開けさせ、中に息をする穴があるなどと話すと、ヘビの口の中に頭を突っ込む勢いで交互に確認し、ヘビの身体の感触をさわって確かめてくる。

子どもたちは「今回は前よりヤゴがいた」「前の回では○○は見ていない」など、地域の自然をしっかり認識していることをうかがわせる感想を言う。講師の説明を聞いて「ほかのところにない生き物がいることが、今日またあらためてわかった」など、知識の確認をすることもある。それは生き物についての知識というよりは、自分たちの暮らしている場所がどういうところか、すなわちアイデンティティにつながる認識だ。

生態系調査プロジェクトの講師は、集落の子どもたちの理解が早いという。おそらくそれは、自分たちの生活圏と切り離された別の場所の知らない生き物の話ではなく、生活の中で普段から目にして

集落のおとなから、葉っぱを使った遊びを教わった子どもたち

いる生物のことだからではないかと話す。一緒に参加する親たちは、子どもたちが生き物についてよく知っていることにびっくりする。

豊かな自然と生き物にあふれる集落に育つ子どもたちだが、教師らに言わせると、家の中で遊ぶことが多いそうだ。たしかに森林も放置され下草が覆い茂り、子どもたちが遊ぶような空間になっていない。それでも道端にはいろいろな植物と生き物がいる。家から学校に向かう短い距離の中にも、ふんだんに生き物の気配がある。東京で土を足で踏むことなしに登下校する場合とはまったく異なるはずだ。学校は総合学習として地元の自然を生かした産業や米づくりに取り組んでいるし、クラブ活動などで野外には頻繁に出かける。

小学5年生の少女は村の文集に、「このご

ろ虫がへってきているので、今よりたくさんの虫がいるようにしたい」と書いた。生き物調べを通して、身近な自然やそこに住む生きものに親しみを感じていることがわかる。

小学生の子ども2人をもつ母親が、同じ文集にＴＡＰＰＯ事業に関する言葉を寄せた。

今の子どもたちは時間に追われて、少しかわいそうな気がします。でも、今の栃窪は、だんだん活性化してきて、ＴＡＰＰＯということをして、子どもたちは田んぼや畑など、都会にいてはできないことを体験できたり、都会の人や外国人とのふれあいもあり、とても素晴らしい体験だと思います。（以下略）

人の命や暮らしが健全な自然環境に拠っていることを、子どものうちからしっかり身体で理解しておくことは、持続可能な社会づくりを担う人材の基本的要素を形成すると思う。

第4章　地域づくりに大切なもの

1　TAPPOが達成できたこと

少子高齢化が進む集落から届いた、全校児童9人の小学校を守りたいという痛切な声がきっかけで始まった「TAPPO南魚沼やまとくらしの学校」は、3年間を通して約80本のプログラムを実施し、1700人ほどの参加者を得て、1000人を超すイベント参観者を集めてきた。

主な活動の舞台となった豪雪に埋もれる中山間地の集落では、それぞれ「村作り会議」と「地区活性化委員会」が発足し、TAPPOの活動を軸に、都市住民との交流の中で新たな自立をめざす活動が始まった。集落にある伝統的な暮らしの作業が都市住民には大きな価値があることにプログラムの中で気づき、勇気を得たように感じられる。

ＴＡＰＰＯ事業を開始して３年。少子高齢化の傾向は変わらず、ＴＡＰＰＯ活動に直接関与して小学校に新規入学した子どもはいない。ＴＡＰＰＯの活動を前向きにとらえない人たちもまだ集落の中にいる。

けれども集落の課題はすべて複雑に絡み合っていて、ひとつのボタンを押してひとつの課題が解決するというような単純なものではない。どんな小さな集落でも、多様な人びとがそれぞれの思いをもって暮らしており、全員がひとつの考えのもとですべて一致するということはないだろう。新たなリスクを自分たちでまったく負わずして、新しいことに踏み出すことはできない。それに対してどこまで腹をくくれるかは、人によって異なるだろう。

まだできていないことを確認することは大切だけれど、できたことをしっかりと把握して、つぎのステップを踏めばよいと思う。３年間でＴＡＰＰＯが達成できたことを以下に分析してみる。

（１）作業を学びの素材に

まず「作業」を学びに転化するモデルが確立した。

３ｍを越す雪を玄関先から取り除く除雪作業、暑い夏のさなかのあぜの草刈り、無農薬田んぼの草取り。すべて住民には「苦しい仕事」とされて敬遠されてきたが、この作業に喜々と取り組む首都圏からの学生、親子連れ、外国籍の会社員などは、それぞれ深い学びがあったことをまとめの会で話し、アンケートやその後の便りにも表現されている。その姿に、地域の20歳代の若者たちが一緒に作業に加わるようになり、地元民でありながらも彼らには「初めての」雪掘りや、手づくりの稲作に取り組んだ。若い世代に、自らも先人たちからの知恵を学ぼうという態度が醸成されてきている。

(2) 都市農村連携と持続可能性

つぎに、都市住民と地域社会の連携から持続可能な社会づくりの端緒が見えてきた。わらじがわらでできていることを初めて知った大学生がいた。「無農薬っていうけど、その大変さがわかりました」と首都圏からの女性が腰を地面に落としてつぶやく。体験を通じて、都市生活がいかに便利であり、都市での環境問題と地域社会がどうつながっているかを理解できるプログラムをつくり上げることができた。田舎でできた野菜を都内の町内会で売るという地域間の連携も始まろうとしている。

(3) 国内外でのメディア露出

さらに、農山漁村がもつ可能性を全国や世界へ伝えるいくつかの機会があった。「TAPPO応援団」には多くのメディア関係者が入り、地元の新聞社だけでなく、全国紙からも取材を受けた。取材のヘリコプターが草刈りアートの上を飛んだ。09年の山菜講座には、NHKの朝のニュース番組の中継が入り、龍村仁監督のドキュメンタリー映画『地球交響曲第七番』でも清水での活動や中山間地域一帯の光景が収録された。稲刈り時には外国特派員協会のツアーもやって来た。独フランクフルトアルゲマイネ紙に掲載されたほか、独自取材した英エコノミストの特集記事にもなった。地域社会がもつ可能性を訴えるメッセージは広く発信できた。

（4）地域と外部団体との連携

さらにここ数年、日本全国の自然学校が「地域社会との連携」「地域から学ぶ」とうたい始めた。これまでは自分たちの場所で自然環境を舞台に、子どもらに体験活動を提供するのが通常だったが、地域、とくにその地に伝わる知識や技を活かして、自然と人の関係を教えようという動きが出てきた。ＴＡＰＰＯの情報発信もその動きに寄与していると感じている。

2　変化を起こした要因

ＴＡＰＰＯはひとつの事例ではあるが、見方によっては必ずしも「成功」事例ではない。ＴＡＰＰＯ始まりのきっかけであった課題はまだそのままだ。でもいいことがたくさん生まれてきたとは思っている。いい動きが可能だったのは、地域、学校、ＮＰＯの協働がうまくいっているからだ。それにマスコミが注目し、行政が支援に動く。まず学校が、特別認定校など新しい枠組みづくりに積極的であり、地域はもちろんＮＰＯとの連携にもきわめてオープンな姿勢を打ち出した。そしてＴＡＰＰＯの理念に賛同する「応援団」の存在がＴＡＰＰＯの取組みの価値を高めてくれている。

地元の栃窪小学校はここ3年、子どもたちが育てた米を児童自身が銀座で売る体験を実施しているが、これはＴＡＰＰＯで生まれたつながりによるものだ。ほかにもＴＡＰＰＯの縁で沖縄の子どもたちと手紙と物の交流が始まり（サトウキビでつくったお菓子と雪の交換など）、とうとう実際に沖縄まで行くことができた。

栃窪小学校は、ＴＡＰＰＯ事業の日程を毎月の学校便りの中に記し、子どもたちにもできるだけ参加するように促してきた。週末事業がほとんどだけれど、教師たちも時折プログラムに加わる。草刈りアート大会にも教員と子どもたちとで出場し、地域を盛り上げた。

子どもたちは任意でキャンプやさまざまなプログラムに参加し、外国人を含む多様な子どもたちと交流し、雪の中で眠るなど自分たちだけでは経験できないことをつぎつぎとやっている。遠くから何度も来てくれる子どももいて、友だちになったり、文通が始まったりしている。集落の子どもたちにとっては、通常の環境にはない多様な人たちとつきあう機会となり、村のことを教えたり、新しいことにチャレンジすることで自信をつけ、成長していくきっかけとなっていることだろう。

そして最大の鍵は、それぞれの集落の核に冒険心と覚悟のある数名がいたことだ。第1部第1章で「動く地域／動けない地域／動かない地域」として指摘されたように、現状を打開したければ何か新しいことを始めなくてはならない。しかし新しいことにはリスクがつきまとう。うまくいくとは限らないし、集落内には必ず反対の声が上がる。すべてを引っくるめて自分たちで責任をとり、やろうと覚悟を決めリーダーシップを発揮できる人物がいたことが、すべてをスタートさせた。

ほかにも、市や県という行政を含め、さまざまなレベルでの励ましがあることもあって、TAPPO事業はかかわる個々人や集落に前向きな変化をもたらしてきたのだと思う。

第1部第1章では、保母武彦氏による地域の内発的発展の原則として、①完成度の高いグランドデザイン、②地域住民の理解、③リーダーの存在、④運営資金、の4項目があげられていた。続けて岩崎正弥氏は、こうした原則を疑い、各地域独自の発展根拠を見つけようと呼びかけている。

こうした原則をそもそもあてはめてスタートしなかったTAPPO事業に関してみると、上記4項目のうちスタート時に明確に「あった」といえるのは③のリーダーの存在だけかもしれない。ほかには、一部住民の理解があり、外部の助成金による運営資金がある程度あった。グランドデザインがなくては、それも完成度が高いものがなければ発展しないと考えていたら、おそらく始めることはできなかっただろう。

3 新しい価値の創造

これまで私がかかわってきたさまざまなプロジェクトを通して、現代人が省略してしまう日常生活でのプロセスを知ることの重要性がわかってきた。省略できることが「便利さ」なのだが、プロセスを体験的に知っている人と知らない人とでは、世界認識が大きく変わってくる。生きる力と喜びにも関係する。社会を構成する人としてしっかりと肝に据えておくべき、ひどく大切なことがわかってく

清水の火渡り行事

る。

そうしたことを学べる舞台を農山漁村は提供できる。

地域の特性や文化を生かしたこれからの社会づくりとして、グローバリゼーションに苦しむ他の国々や地域にアピールできるだろう。

日本の国土の65%を占めるという中山間地域の自然環境、社会環境がこれからどうなっていくかは、日本社会の未来に小さくない影響を及ぼす。

「TAPPO南魚沼やまとくらしの学校」はある意味で実験だ。個人も地域も集落も国も、小さな循環をたくさん重ねた自立という方向にシフトしていくべきではないかと私は考えている。農山漁村は、その学びの場、試みの場として有利だと思う。

2008年、「元気なへき地ネットワーク全国大会」が栃窪地区で開かれた。そこに熊本から参加した人が、「日本はこれから超少子高齢化時代を迎え、どの市町村でも高齢化が当たり前になる。すでにそうした課題に地域として取り組んでいる現在のわれわれは、その頃にはたっぷり実績をもつことになる」と話した。

中山間地域にある課題の解決は、新しい価値の創造に関係している。グローバルな見地から、新しい社会のあり方のヒントもそこにある。日本の文化や社会を基盤にしながら世界の最先端を走ることになる。とことん古いものに根ざしたものを、現代的に位置づけ直すという作業なのだと思う。しかしこれは同時に、古いとされている村の価値観を、人びとが自ら納得して変化させることができるかにかかっている。

少子高齢化は、そのものが問題ではない。それは結果であり、原因や問題はほかにある。日本全体をみても人口は減少に向かっている。しかし都市部の人口は増え、中山間地で著しく減少しているのが実態だ。

政治によって農業をいまよりも健全な産業に育てることは必要だ。しかし現場では、いま何ができるかを検討することが先だ。そもそもこれまで述べてきたように、農山漁村はさまざまな可能性をもっている。人びとの食物を生産する農業は、人びとの命をつなぐきわめて重要なものだ。また、集落内に現在、農業以外に職がないとしたら、新たにつくることはできないのか、そのために努力する価値もあるだろう。

中山間地域の環境の厳しさは与えられた条件だ。町と同じように暮らそうとすれば不利かもしれないが、その場所に適した暮らし方を追求することはできる。山間部には町や都市部にはないものが存在する。そうした特徴を見いだすことができれば、それらを生かすも殺すも考え方しだいであり、価値観の問題ともいえる。

こうとらえてみると、現状打破に向かって何よりも肝心なのは住民たちの意志、意欲だ。それがなければ外部からどんな「注射」があってもすぐに元の状態に戻ってしまう。

地域づくりに必要な「３つのモノ」は若者・バカ者・よそ者だとよくいわれる。最近はこれに加えて「いる者」という項目が必要だといわれ始めている。そこに暮らす者たちが主体的に、自分たちがもっている技や知識を活用して、自分たちで変化を生み出していくことができる、そう信じることから始まるのだろう。

あとがき

「ワシはこんな減反しとうなかった!!」。強烈なメッセージがくっきりと休耕田に刻まれていた。

2010年7月18日、第3回目の棚田草刈りアート日本選手権大会で優勝作品となった、地元南魚沼市栃窪区の笛木常信さん（75歳）によるものだ。石灰で文字を型取り、草刈り機を手に、3日間15時間かけてつくったという。

場所は木々に囲まれ、遠くに川を挟んで三国山脈が広がる。風が鳥の声を運び、にぎやかながらも静かな空気で周囲が充たされる。美しい場所だ。しかし目の前に描かれた言葉は胸を刺す。

表彰パーティで常信さんは、「40年以上も減反を強いられてきた思い」を表現したと話した。「稲作農家だったら誰もが思っていることさ」と別の男性が私の隣でつぶやいた。

本大会には29組61人の出場があり、遠く岩手県一関市や東京都からも参加があった。一関市から来てくれた千葉温さんは「村があまりにも明るくてびっくりした」と話した。「岩手でもこうした催しをして一緒にがんばっていきたい」。

この本の共同執筆者である岩崎正弥さんは、第2部のＴＡＰＰＯの記述を読んで、「希望がもてる」と表現された。

農文協の阿部道彦さんから、地域の再生をテーマにした全集を計画していると伺ったのは２００８

年9月だった。その後音沙汰がなかったが、2009年8月、6週間ぶりにグリーンランド遠征から戻ると、この全集の執筆予定者としてすでに私の名前が印刷されていた。そしてすぐに岩崎さんを紹介された。

岩崎さんがこれまで書かれたものは、とても刺激的だった。私は、農業や地域経済という分野での論文に触れることがあまりなかったが、岩崎さんの仕事は教育分野にも多いに貢献する、きわめて重要なものだった。そして考えていることが近いことにも驚いた。岩崎さんが理論と骨格、私が具体的な事例を中心にという阿部さんの計画に沿って執筆した。岩崎さんと一冊の本に取り組めたことは大変光栄だ。

私は2010年6月半ばからまた3週間ほど日本を離れ、カナダ北極圏においてカヌーで川を下りながらの「国際学会」に参加していた。メールも電話もまったくない、原生自然の中での活動となった。戻るとゲラが届いており、4日以内に返送しなくてはならないと知った。時間はきつかったが、本の中身であるTAPPO事業を実際にやりながらの修正は楽しい行為だった。

阿部さんは、私のこうしたスケジュールを冷静に受け止めつつ、つねに確実に編集を進め、木村信夫さんとともに的確なアドバイスをしてくれた。

この本に向けての執筆は、自身の問題意識や、進行中の幾つかのプロジェクトの意味をあらためて考えるよい機会となった。こうした形で世の中に発表し、広く意見をいただくことができることに深く感謝している。日本各地の農山漁村が持つ教育力の価値は計り知れない。さらに多くの人たちが、さらに多くの場所で、その力に触れ、自身の価値観や生き方を見つめ直すきっかけになってくれればと願う。

二〇一〇年七月

高野孝子

【写真提供】

本庄市立図書館石川三四郎資料室（80ページ）、諏訪清陵高校三澤勝衛先生記念文庫（93ページ）、社団法人家の光協会（115ページ）、岡本央（130ページ）

著者略歴

岩崎正弥（いわさき まさや）

1961年静岡県生まれ。京都大学大学院農学研究科農林経済学専攻博士課程修了（農学博士）。愛知大学経済学部教授。研究テーマは地域づくり論、戦後農山村社会史、農本思想研究。主な著書に『食の共同体』（ナカニシヤ書店、共著）、『農本思想の社会史』（京都大学学術出版会）、『現代に生きる江渡狄嶺の思想』（農文協、共著）などがある。

高野孝子（たかの たかこ）

1963年新潟県生まれ。エジンバラ大学教育学部博士課程修了(Ph. D)。1995年にロシアからカナダまでの北極海を無動力の極点横断に成功。現在は野外・環境教育活動家として、特定非営利活動法人ECOPLUSの代表理事を務める。早稲田大学WAVOC客員准教授。立教大学特任教授。著書『野外で変わる子どもたち』（情報センター出版局）など。

シリーズ　地域の再生12

場の教育

「土地に根ざす学び」の水脈

2010年8月30日　第1刷発行

著　者　岩崎正弥
　　　　高野孝子

発行所　社団法人　農山漁村文化協会
〒107-8668　東京都港区赤坂7丁目6－1
電話　03（3585）1141（営業）　03（3585）1145（編集）
FAX 03（3585）3668　　振替　00120-3-144478
URL　http://www.ruralnet.or.jp/

ISBN978-4-540-09225-1　　DTP制作／ふきの編集事務所
〈検印廃止〉　　印刷・製本／凸版印刷（株）

シリーズ　地域の再生（全21巻）

▼地域再生の意味をみんなで深め、共有するために

❶地元学からの出発
この土地を生きた人びとの声に耳を傾ける
結城登美雄

❷共同体の基礎理論
自然と人間の基層から
内山節

③自治と自給と地域主権
グローバリズムの終焉、農の復権
関曠野・藤澤雄一郎

④食料主権のグランドデザイン
溶解するWTO体制と反貿易至上主義運動の諸相
村田武・久野秀二・真嶋良孝・早川治・加藤好一・松原豊彦・山本博史

▼各種施策を地域になじませ、地域再生に生かす

⑤手づくり自治区の多様な展開
コミュニティの再生で元気な地域づくり
小田切徳美ほか

⑥自治の再生と地域間連携
大小相補の地方自治とむらまちづくり
保母武彦・村上博

❼進化する集落営農
新しい「社会的協同経営体」と農協の役割
楠本雅弘

⑧地域をひらく多様な経営体
農業ビジネスをむらに生かす
秋山邦裕・内山智裕・新開章司

⑨地域農業再生と農地制度
日本社会の礎＝むらと農地を守るために
原田純孝・田代洋一・楜沢能生・谷脇修・高橋寿一・安藤光義・岩崎由美子ほか

⑩農協は地域に何ができるか
販売を核に4つの特質を現代に生かす
農文協編

▼地域の個性に満ちた生活文化、知恵や伝承を現代に生かす

⑪家族・集落・女性のチカラ
集落の未来をひらく
徳野貞雄・柏尾珠紀

⓬場の教育
「土地に根ざす学び」の水脈
岩崎正弥・高野孝子

⑬遊び・祭り・祈りの力
現代のコモンズとローカル・アイデンティティ
菅豊・安室知・藤村美穂

⑭農村の福祉力
福祉の原点をここにみる
池上甲一

▼地域を支える仕事と地域産業おこしのために

⑮雇用と地域を創る直売所
人間復興の地域経済学
加藤光一

⑯水田活用　新時代
減反・転作対応から地域産業興しの拠点へ
谷口信和・梅本雅・千田雅之・李侖美

⑰里山・遊休地をとらえなおす
現代に生かす伝統の知恵
野田公夫・守山弘・高橋佳孝・九鬼康彰

⑱森業―林業を超える生業の創出
関係性の再生が森を再生させる
家中茂ほか

⑲海業―漁業を超える生業の創出
海の資源・文化をフル活用する
妻小波

⑳有機農業の技術論
「つくる農業」から「できる農業」へ
中島紀一

㉑むらをつくる百姓仕事
「技術」では地域をつくれない
宇根豊

＊書名は変更する場合があります。
（白ヌキ数字は既刊）